AF390385

QUESTIONS D'EXAMEN ET RÉPONSES

BACCALAURÉAT CLASSIQUE

(1RE PARTIE)

MATHÉMATIQUES

Par M. G. LIÉBEAUX

INGÉNIEUR EN CHEF DES PONTS ET CHAUSSÉES

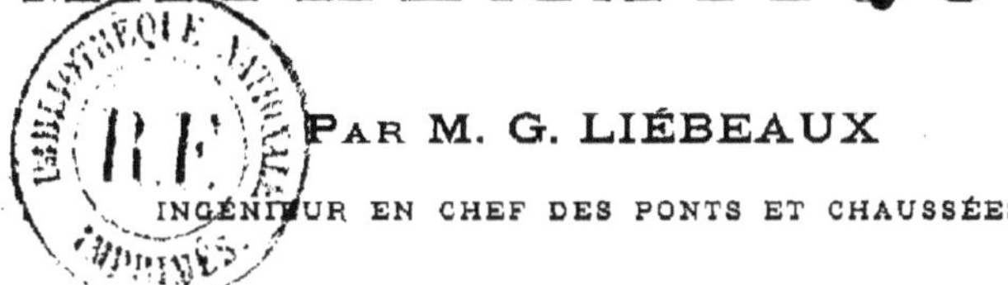

PARIS	NANTES
Librairie Hachette & CIE	R. Guist'hau
79, Boulevard Saint-Germain, 79	IMPRIMEUR-ÉDITEUR
	5 & 6, Quai Cassard, 5 & 6

PRÉFACE

Pour subir avec succès un examen oral, il ne suffit pas de savoir; il faut aussi savoir dire, pouvoir parler d'abondance, d'une façon claire et précise, sans se perdre dans des détails inutiles.

Aux épreuves du Baccalauréat, on n'a que quelques minutes pour impressionner favorablement un examinateur; il faut donc répondre sans hésiter, et, s'il est possible, sans être interrompu.

On doit être prêt à le faire pour toutes les questions inscrites au programme.

En publiant ce livre, dont le côté pratique a été sanctionné par le succès du rhétoricien auquel il était destiné, nous nous proposons de faciliter la tâche des jeunes candidats au point de vue des mathématiques, dont le coefficient est de deux, comme celui des langues étrangères.

Ce livre n'est qu'une reproduction, pour toutes les questions du programme, de réponses aussi claires et aussi méthodiques que possible, faites au tableau en quelques minutes.

C'est tout à la fois un modèle, une sauvegarde et un point d'appui.

Pour en tirer bon parti, il ne faut pas le considérer comme un manuel; il faut se pénétrer de la méthode, s'approprier l'ordre des idées, la concentration des questions et s'habituer à les développer nettement au tableau d'une manière analogue.

Nantes, le 30 Août 1899.

MATIÈRES

TABLE DES MATIERES

ARITHMÉTIQUE. — 12 Questions

ALGÈBRE. — 6 Questions

TABLE DES MATIÈRES

GÉOMÉTRIE. — 30 Questions

COSMOGRAPHIE. — 17 Questions

§ I. — ARITHMÉTIQUE

1° Numération

La numération est l'art d'énoncer et d'écrire les nombres. De là deux numérations : la numération parlée et la numération écrite.

Numération parlée. — Pour énoncer les nombres, dans le système dont la base est dix, on désigne par un nom spécial les dix premiers nombres : un, deux, trois, quatre, cinq, six, sept, huit, neuf et dix. Ce sont là les unités simples.

Au delà, on compte par groupes de dix ou dizaines, comme on a compté les unités : une dizaine, deux dizaines ou vingt, trois dizaines ou trente, quatre dizaines ou quarante, etc. · Les nombres compris entre deux dizaines consécutives s'énoncent au moyen du nom de la dizaine inférieure et de celui de l'unité simple : trente et un, trente-deux, etc.

Dix dizaines forment une centaine. Dix centaines un mille. Dix unités de mille un nouveau groupe : dizaine de mille. Dix dizaines de mille, une centaine de mille. Dix centaines de mille, un million, etc., et pour chaque groupe nouveau, on compte comme on a compté, par unité et par dizaine.

Les groupes sont réunis de trois en trois, les trois premiers, unité simple, dizaine, centaine, constituent le groupe des unités ; les trois suivants le groupe des mille, les trois autres le groupe des millions, etc.

Pour énoncer un nombre écrit en chiffres, on le partage en tranches de trois chiffres, à partir de la droite, pour isoler les différents groupes, et on énonce chaque groupe successivement en commençant par la gauche.

Numération écrite. — On a représenté les neuf premiers nombres par neuf caractères, dits chiffres arabes : 1, 2, 3, 4, 5, 6, 7, 8, 9. Un dixième caractère 0 est destiné à tenir la place des unités qui manquent.

On a fait la convention suivante : tout chiffre placé à la gauche d'un autre représente des unités dix fois plus fortes que cet autre.

Pour écrire un nombre on commence par la gauche ; on écrit successivement les chiffres correspondant à chaque unité, en ayant soin de marquer par un 0 le rang de chaque unité qui manque.

La base d'un système est le nombre d'unités d'un groupe comprises dans l'unité du groupe immédiatement supérieur. Dans le système décimal, la base est dix ; une dizaine vaut dix unités simples, une centaine dix dizaines, etc. Quand on complait par douzaine, la base du système était douze. Douze unités simples formaient une douzaine, douze douzaines une centaine, douze centaines un mille, etc. 10 du système décimal équivaut à 12 du système duodécimal, 100 à 144, etc.

2° Addition, soustraction et multiplication des nombres entiers

Addition. — L'addition est une opération qui a pour but de réunir plusieurs nombres *de la même espèce* en un seul que l'on appelle : *somme* ou *total*.

Pour faire une addition, on écrit les nombres les uns sous les autres, les unités sous les unités, les dizaines sous les dizaines, etc. On commence l'opération par la droite. On ajoute successivement les uns aux autres les chiffres de chaque colonne verticale, et on écrit le nombre des unités obtenu, en faisant report, s'il y a lieu, à la colonne suivante, de toutes les unités d'ordre supérieur.

Si, par exemple, la somme des chiffres d'une colonne est 24, on écrit 4 et on reporte 2.

Pour faire la preuve de l'addition, on refait l'opération de bas en haut, ou bien on fait des additions partielles dont les sommes réunies doivent donner le total primitif.

Soustraction. — La soustraction est une opération qui a pour but, étant donné deux nombres, d'en trouver un troisième qui, ajouté au plus petit, reproduise le plus grand. Le résultat se nomme : *reste, excès* ou *différence*.

Pour faire une soustraction, on écrit le plus petit nombre sous le plus grand, les unités sous les unités, les dizaines sous les dizaines, etc. On commence par la droite. On opère successivement pour chaque colonne, en empruntant, s'il le faut, à la colonne suivante, une unité, pour que la soustraction soit possible. On dit, par exemple, si l'on a 9 au-dessous de 5 : 9 de 15, il reste 6. En passant d'une colonne à l'autre, on tient compte naturellement des emprunts, soit en considérant comme diminué d'une unité le chiffre du nombre supérieur, soit en considérant comme augmenté d'une unité le chiffre du nombre inférieur.

Pour faire la preuve, on ajoute le reste au plus petit nombre, et l'on doit retrouver le plus grand.

Multiplication. — La multiplication est une opération qui a pour but de répéter un nombre, appelé multiplicande, autant de fois qu'il y a d'unités dans un autre nombre appelé multiplicateur.

La multiplication n'est autre chose qu'une addition ; le résultat, appelé *produit*, est la somme d'autant de nombres égaux au multiplicande qu'il y a d'unités dans le multiplicateur.

La table de Pythagore donne le produit des neuf premiers nombres multipliés entre eux deux à deux.

Pour multiplier un nombre quelconque par un nombre d'un seul chiffre, on multiplie successivement de droite à gauche les chiffres du multiplicande par le multiplicateur. On écrit, comme pour l'addition, le chiffre des unités obtenu, en reportant à la colonne suivante les unités du rang supérieur.

Pour obtenir le produit de deux nombres entiers quelconques, on les écrit l'un au-dessous de l'autre. On commence par la droite. On multiplie successivement le multiplicande par chacun des chiffres du multiplicateur. On obtient ainsi des produits partiels que l'on place les uns sous les autres en ayant soin de mettre les unités sous les unités, les dizaines sous les dizaines, etc. Il suffit pour cela de reculer d'un rang le premier chiffre de chaque produit partiel puisqu'il représente, par rapport au premier chiffre du produit partiel précédent, des unités d'un ordre immédiatement supérieur.

La somme des produits partiels donne le produit cherché, car on a bien répété le multiplicande autant de fois qu'il y a d'unités simples, de dizaines, de centaines, etc., dans le multiplicateur, c'est-à-dire autant qu'il y a d'unités en tout.

La preuve de la multiplication se fait par 9.

3° Théorèmes simples relatifs
à la multiplication

Le multiplicande et le multiplicateur sont dits facteurs du Produit.

Les principaux théorèmes relatifs à la multiplication sont les suivants :

1° *Un Produit ne change pas quand on intervertit l'ordre des facteurs.*

Quand il n'y a que deux facteurs, le multiplicande et le multiplicateur peuvent s'écrire :

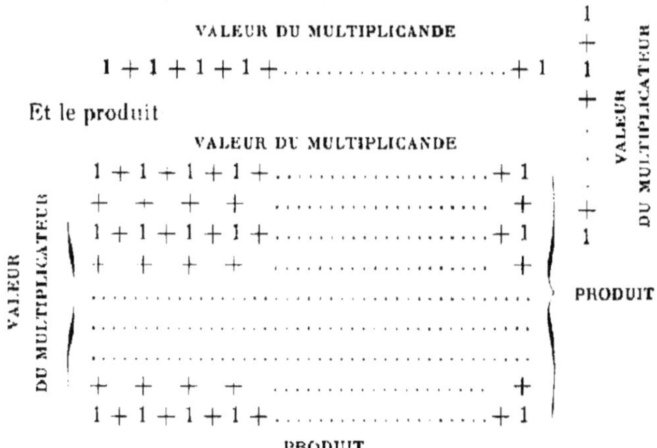

Si on compte horizontalement on a :
Valeur du multiplicande multipliée par valeur du multiplicateur.

Si on compte verticalement on a :
Valeur du multiplicateur multipliée par valeur du multiplicande.

Et dans les deux cas, la somme des unités est la même.

S'il y a plus de deux facteurs, on remplace des facteurs par leurs produits. Ainsi, par exemple :

$$3 \times 8 \times 5 \times 7 = 3 \times 7 \times 5 \times 8$$

car on a $\quad 8 \times 5 \times 7 = 40 \times 7 = 7 \times 40 = 7 \times 5 \times 8,$

et en multipliant de part et d'autre par 3

$$3 \times 8 \times 5 \times 7 = 3 \times 7 \times 5 \times 8$$

2° *Pour multiplier par un nombre un produit de plusieurs facteurs, il suffit de multiplier l'un des facteurs par ce nombre.*

On peut en effet intervertir l'ordre des facteurs et remplacer deux des facteurs consécutifs par leurs produits.

Réciproquement, si l'on multiplie l'un des facteurs du produit par un nombre, le produit est multiplié par ce nombre.

En intervertissant l'ordre des facteurs, on peut en effet laisser le dernier, le nombre nouveau, et remplacer les facteurs primitifs par leur produit.

3° *Le nombre des chiffres d'un produit de deux facteurs est égal à la somme des chiffres de ces facteurs, ou à cette somme — 1.*

Soit deux nombres quelconques 4.832 et 536.

On a $4.832 < 10.000$ et $536 < 1.000$
$\qquad 4.832 > 1.000$ et $536 > 100$.

Le produit sera donc $< 10.000 \times 1.000$ ou $10.000.000$
$\qquad$ et $> 1.000 \times 100$ ou 100.000.

Or, $10.000.000$ est le plus petit nombre qui ait 8 chiffres,
$\qquad 100.000$ est le plus petit nombre qui ait 6 chiffres.

Le produit aura donc 7 ou 6 chiffres, c'est-à-dire $4 + 3$ ou $(4 + 3) - 1$.

4° *Pour multiplier une somme ou une différence par un nombre, on multiplie chaque partie de la somme ou de la différence par ce nombre.*

Multiplier $(5 + 7 + 2)\,3$, c'est répéter 3 fois la somme $5 + 7 + 2$, soit :

$$
\begin{array}{ccccc}
5 & + & 7 & + & 2 \\
5 & + & 7 & + & 2 \\
5 & + & 7 & + & 2 \\
\hline
\end{array}
$$

ou $\quad 5 \times 3 + 7 \times 3 + 2 \times 3$

La démonstration serait la même pour une différence.

5° *Pour multiplier un nombre par une somme ou par une différence, on peut multiplier par le nombre chacune des parties de la somme ou de la différence, additionner les résultats, s'il s'agit d'une somme, et retrancher le plus petit résultat du plus grand, s'il s'agit d'une différence.*

Puisqu'un produit ne change pas lorsqu'on intervertit l'ordre des facteurs, il suffit de faire l'inversion pour en revenir au cas précédent.

4° Division des nombres entiers

La division est une opération qui a pour but de partager un nombre appelé Dividende en autant de parties qu'il y a d'unités dans un nombre appelé Diviseur. Le résultat est le *Quotient*.

La division est l'opération inverse de la multiplication. On connaît un produit et l'un des facteurs, il s'agit de trouver l'autre. Le quotient pourrait s'obtenir par voie de soustraction, en retranchant le diviseur du dividende et des restes successifs jusqu'à ce que la soustraction ne fût plus possible. Un reste nul prouverait que le diviseur est contenu un nombre exact de fois dans le dividende, qui serait alors le produit exact du diviseur par le quotient. Dans le cas contraire, la division ne pourrait pas se faire exactement, il y aurait un reste plus petit que le diviseur et il faudrait ajouter ce reste au produit du diviseur par le quotient pour retrouver le dividende. $D = d \times q + R$.

Le nombre des chiffres d'un quotient est égal au nombre de zéros qu'il faut écrire à la droite du diviseur pour avoir un nombre immédiatement supérieur au dividende.

Soit à diviser deux nombres quelconques, 642.337 par 535, on a :

$$535.000 < 642.337 < 5.350.000$$

Le quotient est donc compris entre 1.000 et 10.000, c'est-à-dire qu'il y a 4 chiffres (c. q. f. d.).

La division par un nombre d'un seul chiffre ne comporte pas de difficulté. Il suffit d'avoir recours à la table de Pythagore.

Quand il s'agit de nombres de plusieurs chiffres, on distingue deux cas :

1° Le dividende est plus petit que 10 fois le diviseur.

Le quotient n'a qu'un chiffre. On l'obtient en divisant par le chiffre des plus hautes unités du diviseur le nombre formé par les mêmes unités du dividende. Soit par exemple 4.368 à diviser par 522, on obtient le quotient en divisant par 5 (centaines) le nombre 43 (centaines).

On peut avoir un chiffre trop fort.

Le produit du diviseur par le quotient est alors plus grand que le dividende. On diminue d'une unité jusqu'à ce que le produit soit inférieur au dividende.

2° Le dividende est plus grand que 10 fois le diviseur.

Soit à diviser 436.822 par 522. Le quotient a 3 chiffres (règle précédente). Il se compose de centaines, de dizaines et d'unités.

Le produit partiel du diviseur par les centaines ne peut donner que des centaines qui sont comprises dans les centaines du dividende, soit dans 4.368.

Le 1er chiffre du quotient s'obtient donc en divisant 4.368 par 522 (1er cas), ce qui donne 8.

En retranchant du dividende le produit du diviseur par 8 centaines, on a un reste 19.222 qui ne contient plus que les produits partiels du diviseur par les dizaines et les unités du quotient.

Le produit partiel du diviseur par les dizaines du quotient ne peut donner que des dizaines. Il est donc compris dans 1.922, c'est-à-dire dans le nombre obtenu en abaissant le chiffre 2 du dividende à la droite du 1er reste, 192.

La division de 1.922 par le diviseur (1er cas), donne le chiffre des dizaines du quotient, 3. On en déduit un nouveau produit partiel et un nouveau reste qui ne contient plus que le produit du diviseur par le chiffre des unités du quotient. Ce reste, 3.562, s'obtient encore en abaissant le chiffre 2, à la droite du reste 356.

De là, on déduit la règle connue.

Règle connue. — Écrire sur une même ligne le dividende et le diviseur, les séparer par un trait vertical et souligner le diviseur.

Prendre sur la gauche du dividende autant de chiffre qu'il en faut pour former un nombre plus grand que le diviseur et plus petit que 10 fois le diviseur. Diviser ce nombre par le diviseur, ce qui donne le premier chiffre du quotient. Multiplier le diviseur par ce chiffre et retrancher du nombre isolé à la gauche du dividende.

A la droite du reste, abaisser le chiffre suivant du dividende. Diviser le nombre ainsi obtenu par le diviseur pour avoir le 2e chiffre du quotient, etc., etc.

Quand un dividende partiel ne contient pas le diviseur, on écrit zéro au quotient et on abaisse le chiffre suivant.

La preuve de la division se fait en ajoutant le reste au produit du diviseur par le quotient. On doit retrouver le dividende.

5° Caractères de divisibilité par chacun des nombres 2, 4, 5, 9 et 3

Divisibilité par 2. — Un nombre est divisible par 2, lorsque son dernier chiffre est un multiple de 2, c'est-à-dire lorsqu'il se termine par 0, 2, 4, 6 ou 8.

Un nombre quelconque peut, en effet, se mettre sous la forme $d + u$ (*dizaines + unités*), et il a pour valeur $d \times 10 + u$.

$d \times 10$ est un multiple de 2 ; si u est aussi un multiple de 2, on aura une somme de multiples de 2 et par conséquent le nombre sera divisible par 2.

Divisibilité par 5. — Un nombre est divisible par 5, lorsque son dernier chiffre est un multiple de 5, c'est-à-dire quand il se termine par un 0 ou par un 5.

La démonstration est la même que pour 2.

Divisibilité par 4. — Un nombre est divisible par 4, lorsque l'ensemble de ses 2 derniers chiffres forme un nombre divisible par 4.

Tout nombre peut se mettre en effet sous la forme $c + d u$ (*centaines + nombre formé par les dizaines et les unités*), et il a pour valeur $c \times 100 + d u$.

$c \times 100$ est un multiple de 4, puisque $100 = 25 \times 4$. Si $d u$ est aussi un multiple de 4, on aura une somme de multiples de 4 et le nombre sera divisible par 4.

La règle est la même pour 25, puisque $100 = 4 \times 25$.

Divisibilité par 9. — Un nombre est divisible par 9, lorsque la somme de ses chiffres est un multiple de 9.

On sait en effet que l'unité suivie d'un nombre quelconque de zéros est un multiple de $9 + 1$.

On sait aussi qu'un signe significatif suivi d'un nombre quelconque de zéros est un multiple de 9, plus ce chiffre significatif.

Il en résulte qu'un nombre quelconque est égal à un multiple de 9, plus la somme de ses chiffres significatifs.

Ainsi, $4.832 = 4.000 + 800 + 30 + 2 =$
mult. $9 + 4 +$ mult. $9 + 8 +$ mult. $9 + 3 + 2 =$
mult. $9 + 4 + 8 + 3 + 2$.

Si la somme des chiffres est un mult. 9, le nombre est divisible par 9.

Divisibilité par 3. — La règle est la même que pour 9, puisque 9 est un mult. 3.

6° Plus grand commun diviseur et plus petit commun multiple de deux ou plusieurs nombres.

Le plus grand commun diviseur de deux nombres est le plus grand nombre qui les divise exactement tous les deux.

Si le plus petit nombre divise exactement le plus grand, c'est évidemment le plus grand commun diviseur.

Si le plus petit ne divise pas exactement le plus grand, la division donne lieu à un reste.

Soient A et B les deux nombres, q le quotient, et R le reste :

On a $A = B q + R$.

Tout nombre qui divise A et B, divise A et B q et par conséquent divise leur différence $A - B q$, c'est-à-dire R.

Inversement, tout nombre qui divise B et R divise B q et R et par conséquent divise leur somme $B q + R$ ou A.

Il en résulte que tous les diviseurs communs à A et à B sont également communs à B et à R, donc le plus grand commun diviseur entre A et B est le même qu'entre B et R.

Pour trouver le p. g. c. d. entre deux nombres, on divise le plus grand par le plus petit, le plus petit par le reste, etc.

Le quotient qui correspond à un reste nul est le p. g. c. d. cherché.

Si on obtient 1 comme reste, les deux nombres sont premiers entre eux.

Pour trouver le p. g. c. d. entre plusieurs nombres A, B, C, D, etc., on cherche le p. g. c. d. entre A et B, soit d, puis le p. g. c. d, entre d et C, soit d', puis le p. g. c. d. entre d' et D, soit d'', et ainsi de suite.

La dernière opération donne le p. g. c. d. cherché.

Il est facile de voir, en effet, que tout diviseur commun à A B C divise d et C, et qu'inversement tout diviseur de d et de C divise A B et C. Le plus grand commun diviseur est donc le même.

On peut aussi obtenir le p. g. c. d. par la décomposition en facteurs premiers. Le p. g. c. d. est égal au produit de tous les facteurs premiers communs pris chacun avec le plus petit exposant, car ce plus petit exposant est le plus grand exposant commun.

Plus petit commun multiple. — Le plus petit commun multiple de deux ou de plusieurs nombres est le plus petit nombre exactement divisible par chacun d'eux.

Un multiple commun de plusieurs nombres contient évidemment tous les facteurs de ces nombres.

Le plus petit sera celui qui ne contiendra que les facteurs absolument nécessaires.

Étant donnés deux ou plusieurs nombres, pour avoir le plus petit commun multiple, on les décompose en facteurs premiers et on fait le produit de tous les facteurs premiers différents, pris chacun avec leur plus fort exposant.

7° Opérations sur les fractions

On appelle fraction une ou plusieurs parties de l'unité divisées en parties égales.

Une fraction se compose de deux termes, le *numérateur* et le *dénominateur*. Une fraction représente le quotient de ses deux termes ; elle a la forme $\frac{n}{d}$. Si le numérateur n est $< d$, on a une fraction proprement dite. Si n est $> d$, on a un nombre fractionnaire.

Pour multiplier une fraction par un nombre, on multiplie le numérateur par ce nombre, ou l'on divise le dénominateur.

Pour diviser une fraction par un nombre, on divise le numérateur par ce nombre, ou l'on multiplie le dénominateur.

Quand on multiplie ou quand on divise les deux termes d'une fraction par un même nombre, la fraction ne change pas.

Toutes ces propositions sont la conséquence de l'égalité $\frac{n}{d} = q$, ou $n = d\,q$.

On a en effet :

$$n \times a = d\,q \times a \quad \text{ou} \quad \frac{n\,a}{d} = q \times a$$

$$\frac{n}{a} = \frac{d\,q}{a} \quad \text{ou} \quad \frac{n}{d\,a} = \frac{q}{a}$$

$$\frac{n \times a}{d \times a} = q$$

On appelle *réduire des fractions,* faire subir à leurs termes des changements qui n'en altèrent pas la valeur.

On peut :

1° *Réduire un entier en fractions* en multipliant l'entier par le dénominateur pour avoir le numérateur de la nouvelle fraction.

2° *Extraire les entiers* en divisant le numérateur par le dénominateur.

3° *Réduire une fraction à une plus simple expression* en divisant chacun des termes par un même nombre ou *à sa plus simple expression* en divisant les deux termes par leur plus grand commun diviseur.

4º *Réduire des fractions au même dénominateur*. Pour cela on multiplie les deux termes de chacune d'elles par le produit des dénominateurs de toutes les autres.

Si l'on voulait avoir le plus petit dénominateur commun, on commencerait par déterminer le plus petit commun multiple entre tous les dénominateurs et on multiplierait les deux termes de chaque fraction par les facteurs nécessaires pour avoir au dénominateur le plus petit commun multiple.

Quand on ajoute un même nombre aux deux termes d'une fraction, elle se rapproche de l'unité et par conséquent augmente ou diminue suivant qu'il s'agit d'une fraction ou d'un nombre fractionnaire. On le voit facilement en réduisant au même dénominateur la fraction donnée et la fraction nouvelle, et en comparant chacune d'elles à l'unité.

Addition des fractions. — On réduit au même dénominateur et on additionne les numérateurs. S'il y a des entiers, on peut les réunir à part ou les convertir au préalable en fractions.

Soustraction. — On réduit au même dénominateur et on retranche les numérateurs. S'il y a des entiers, on peut les soustraire directement ou les convertir au préalable en fractions.

Multiplication. — On multiplie les numérateurs entre eux et les dénominateurs entre eux.

Soit à multiplier $\frac{3}{7}$ par $\frac{2}{5}$. En multipliant 3 par 2, la fraction $\frac{3}{7}$ est rendue 2 fois plus forte, et en multipliant 7 par 5, elle est rendue 5 fois plus faible.

Le nombre obtenu est donc bien le produit puisque c'est le multiplicande répété 2 fois après avoir été partagé en 5, de même que le multiplicateur se compose de 2 fois la 5ᵉ partie de l'unité.

Le cas général comprend celui de la multiplication d'un entier par une fraction ou d'une fraction par un entier, puisqu'un entier peut toujours se mettre sous la forme d'une fraction ayant 1 pour dénominateur.

Division. — On multiplie la fraction dividende par la fraction diviseur renversée, car si on multiplie par le diviseur la fraction nouvelle ainsi obtenue, on retrouve bien le dividende.

8° Fractions décimales

Pour réduire une fraction en décimales, on divise le numérateur par le dénominateur.

Si la division se fait sans reste, la fraction est exactement réductible en décimales ; dans le cas contraire, on doit retrouver, au bout d'un certain temps, un reste déjà obtenu, puisque chaque reste est plus petit que le diviseur.

Le quotient est alors une fraction décimale périodique, dite *périodique simple* si la période commence immédiatement après la virgule, et *périodique mixte* s'il y a, après la virgule, un ou plusieurs chiffres indépendants de la période.

La valeur de la fraction ne peut plus être connue qu'avec une approximation déterminée par le nombre des chiffres décimaux inscrits après la virgule.

Inversement, étant donnée une fraction décimale, limitée ou périodique, on peut trouver la fraction génératrice.

1° **Fraction décimale limitée.** — La fraction génératrice a pour numérateur le nombre formé par les chiffres de la fraction décimale et pour dénominateur l'unité suivie d'autant de zéros qu'il y a de chiffres dans ce nombre, ainsi :

$$0,56 = \frac{56}{100} \; ; \quad 0,566 = \frac{566}{1000} , \text{ etc.}$$

2° **Fraction périodique simple.** — La fraction génératrice a pour numérateur la période et pour dénominateur autant de 9 qu'il y a de chiffres dans la période.

Soit par exemple : $\quad 0,35\ 35\ 35\ 35\ldots\ldots = \frac{a}{b}.$

$$100 \cdot \frac{a}{b} = 35,35\ 35\ 35\ldots\ldots\ldots$$

$$\frac{a}{b} = 0,35\ 35\ 35\ 35\ldots\ldots$$

$$99 \cdot \frac{a}{b} = 35 \text{ (à la limite)},$$

$$\text{Donc} \quad \frac{a}{b} = \frac{35}{99}.$$

3° **Fraction périodique mixte.** — La fraction génératrice a pour numérateur la différence entre deux nombres formés, le premier des chiffres indépendants et de la période, le second des chiffres indépendants seulement, et pour dénominateur autant de 9 qu'il y a de chiffres dans la période, suivis d'autant de zéros qu'il y a de chiffres dans la partie non périodique.

Soit par exemple : $\qquad 0{,}225\ 43\ 43\ldots\ldots\ldots = \dfrac{a}{b}$

On a : $100.000\ \dfrac{a}{b} = 22543{,}43\ 43\ldots\ldots$

$1.000\ \dfrac{a}{b} = 225{,}43\ 43\ 43\ldots$

$99.000\ \dfrac{a}{b} = 22543 - 225$ (à la limite).

Donc $\dfrac{a}{b} = \dfrac{22543 - 225}{99000}.$

Quand une fraction est exactement réductible en décimales, son dénominateur ne contient que les facteurs 2 et 5.

Soit une fraction $\dfrac{a}{b}$, réduite à sa plus simple expression.

Si elle est exactement réductible en décimales, on peut écrire :

$$\frac{a}{b} = \frac{A}{10^{n}}$$

10^{n} est un multiple de b, donc b ne contient que des facteurs 2 et 5.

On peut du reste, si le dénominateur ne contient que des facteurs 2 et 5, donner toujours à une fraction la forme $\dfrac{A}{10^{n}}$ en multipliant les deux termes par une même puissance de 2 ou de 5.

On obtient une fraction périodique simple quand le dénominateur ne contient ni facteur 2 ni facteur 5.

La fraction génératrice d'une fraction périodique simple est en effet $\dfrac{A}{99}$.

Il n'y a que des 9 au dénominateur et la simplification ne peut y faire entrer ni facteur 2, ni facteur 5.

On obtient une fraction périodique mixte quand le dénominateur contient des facteurs 2 ou 5 et d'autres facteurs. Les conditions nécessaires pour les deux autres cas ne sont pas, en effet réalisées, et de plus, on peut remarquer que le dénominateur de la fraction génératrice se termine toujours par un zéro au moins, tandis que le numérateur ne peut pas se terminer par un zéro, ce qui justifie la présence au dénominateur d'au moins un facteur 2 ou d'un facteur 5.

9° Opérations sur les nombres décimaux. — Quotient de deux nombres entiers ou décimaux à moins d'une unité d'un ordre donné.

La définition des opérations est la même que pour les nombres entiers.

Addition. — On écrit les nombres les uns sous les autres, les unités, les dizaines, etc., sous les unités, les dizaines, etc., les dixièmes, les centièmes, etc., sous les dixièmes, les centièmes, etc. L'addition terminée, on sépare par une virgule le chiffre des unités de celui des dixièmes.

Il y a dans le total autant de chiffres décimaux qu'il y en a dans le nombre qui en contient le plus.

Soustraction. — On écrit le plus petit nombre sous le plus grand en faisant correspondre les unités de même ordre. On opère comme pour les nombres entiers et on sépare par une virgule le chiffre des unités de celui des dixièmes.

La différence contient autant de chiffres décimaux qu'il y en a dans le nombre qui en contient le plus.

Multiplication. — On opère comme s'il s'agissait de nombres entiers et sur la droite du produit on sépare, par une virgule, autant de chiffres qu'il y en a dans les deux facteurs. En ne tenant pas compte des virgules, on a rendu en effet le multiplicande et le multiplicateur 10, 100, 1.000 ou 10.000 fois, etc., plus grands ; il faut rendre au produit sa valeur et le nombre des facteurs, 10, par lequel on a multiplié les deux termes correspond précisément au nombre des chiffres décimaux.

Division. — Si le dividende et le diviseur n'ont pas le même nombre de chiffres décimaux, on écrit à la droite de celui qui en a le moins le nombre de zéros nécessaires pour obtenir cette égalité. On fait ensuite l'opération comme s'il s'agissait de nombres entiers, sans s'inquiéter des virgules. On a multiplié en effet le dividende et le diviseur par une même puissance de 10, ce qui ne change pas la valeur du quotient.

Quand une division ne se fait pas exactement, on calcule le quotient à moins d'une unité d'un ordre déterminé, c'est-à-dire que l'on continue l'opération jusqu'à ce que le dernier chiffre du quotient soit celui des unités de l'ordre donné. On s'arrête aux unités, par exemple, pour avoir le quotient à une unité près ; on met une virgule et on continue l'opération jusqu'aux millièmes, si on veut avoir le quotient à un millième près.

Le quotient ainsi déterminé est calculé par défaut, c'est-à-dire qu'en multipliant le diviseur par ce quotient on a un produit plus petit que le dividende, tandis qu'on aurait un produit plus fort que le dividende, si le dernier chiffre du quotient était augmenté de 1. Le quotient serait alors calculé par excès.

10° Propriétés élémentaires
des nombres premiers

On appelle *nombre premier* tout nombre qui n'est divisible que par lui-même et par l'unité.

Deux nombres sont dits *premiers entre eux* lorsqu'ils n'ont d'autre diviseur commun que l'unité.

Pour former le tableau des nombres premiers de 1 à N, on écrit tous les nombres de 1 à N. On biffe de deux en deux tous les multiples de 2 ; puis de trois en trois, les multiples de 3 ; de cinq en cinq, etc. On s'arrête au nombre premier dont le carré dépasse N, c'est-à-dire à celui qui est immédiatement supérieur à $\sqrt{N}$, car le produit d'un nombre plus grand que $\sqrt{N}$ par un autre nombre, ne peut être égal à N que si cet autre nombre est plus petit que $\sqrt{N}$ et l'on a biffé déjà tous les multiples des nombres $< \sqrt{N}$.

Quand un nombre premier ne divise pas un autre nombre, il est premier avec lui. car le seul diviseur commun est l'unité.

Tout nombre qui n'est pas premier admet au moins un diviseur premier. Soit, en effet, d son plus petit diviseur. d est premier, sans cela il y aurait un diviseur plus petit que d.

Tout nombre N qui n'est pas premier est décomposable en produit de facteurs premiers. N a au moins un diviseur premier, soit d. On peut écrire $N = d \times q$. Si q est premier, la proposition est démontrée. Si q n'est pas premier, il a au moins un diviseur premier b, on peut écrire $N = a\,b\,q'$, et ainsi de suite.

La suite des nombres premiers est illimitée. Soit p un nombre premier quelconque, il y en aura toujours un $> p$.

En ajoutant 1, en effet, au produit $1 \times 2 \times 3 \times \ldots \times p$, on a un nombre plus grand que p. Si ce nombre est premier, la proposition est démontrée. S'il n'est pas premier, il admet un diviseur premier qui est forcément $> p$, puisque la division par l'un des p premiers nombres, ne peut pas se faire exactement en raison de l'unité qui a été ajoutée au produit.

Tout nombre qui divise un produit de deux facteurs et qui est premier avec l'un d'eux divise l'autre. 8, par exemple, divise le produit de 24 par 15, 8 est premier avec 15, 8 divise 24.

En effet, 8 et 15 étant premiers entre eux, ont pour p. g. c. d. 1, et par suite 8×24 et 15×24 ont pour p. g. c. d. 24.

8 divise 8×24 et par hypothèse 15×24 ;

Donc 8 divise leur p. g. c. d. 24, puisqu'un nombre qui en divise deux autres divise leur p. g. c. d.

Cette proposition est connue sous le nom de théorème d'Euclide.

Comme conséquence :

1° Tout nombre premier qui divise un produit de plusieurs facteurs divise au moins l'un d'eux. Si 5 divise $3 \times 7 \times 15$, 5 divise $3 \times (7 \times 15)$. Étant premier avec 3, il divise 7×15. Étant premier avec 7, il divise 15.

2° Tout nombre qui est divisible par plusieurs nombres premiers entre eux est divisible par leur produit. Si 180 est divisible par 3, par 4 et par 5, il est divisible par $3 \times 4 \times 5$:

En effet, $180 = 3 \times 60$. — 4 divisant 180 divise 3×60, étant premier avec 3, il divise 60 et ainsi de suite.

Un nombre n'est décomposable qu'en un seul système de facteurs premiers, car, pour que deux produits de facteurs premiers soient égaux, il faut qu'ils soient formés des mêmes facteurs.

Si $2 \times 3 \times 5 \times 7 = a \times b \times c \times d, 2 = a, 3 = b$.

En effet, 2 divisant le premier produit, divise le second qui lui est égal. 2 doit donc diviser l'un des facteurs premiers $a\,b\,c$, et par suite être égal à l'un d'eux.

Pour décomposer un nombre N en ses facteurs premiers, on le divise successivement par les facteurs premiers 2, 3, 5, 7, etc., jusqu'à $\sqrt{N}$, en ne passant d'un nombre premier à un autre que lorsque la division n'est plus possible. On donne à chaque facteur un exposant égal au nombre de divisions correspondantes.

Pour qu'un nombre soit divisible par un autre, il suffit que tous les facteurs premiers du diviseur se trouvent dans le dividende avec des exposants au moins égaux à ceux qu'ils ont dans le diviseur. De la, résulte, pour trouver les diviseurs d'un nombre, la règle pratique suivante :

On le décompose en facteurs premiers et on écrit sur une première ligne horizontale l'unité et les différentes puissances du premier facteur.

On multiplie la ligne ainsi formée par 1 et par chaque puissance du deuxième facteur, puis les nouvelles lignes ainsi formées par 1 et par chaque puissance du facteur suivant, et ainsi de suite.

Le tableau final donne le nombre de diviseurs cherché.

Pour $120 = 2^3 \times 3 \times 5$. le tableau final serait :

$$
\begin{array}{cccc}
1 & 2 & 4 & 8 \\
3 & 6 & 12 & 24 \\
5 & 10 & 20 & 40 \\
15 & 30 & 60 & 120
\end{array}
$$

11° Carré et Racine carrée

On appelle *carré* d'un nombre, le produit de deux facteurs égaux à ce nombre.

On appelle *racine carrée* d'un nombre, le nombre qui a pour carré le nombre donné.

$$n \times n = n^2 . - \sqrt{n} \times \sqrt{n} = n.$$

Le carré de la somme de deux nombres se compose : du carré du premier nombre, du double produit du premier nombre par le second, et du carré du second.

$$(3 + 7)^2 = 3^2 + 2 \times (3 \times 7) + 7^2$$

En effet, en multipliant d'abord par 3, on a le carré de 3 et le produit de 7 par 3 ; en multipliant ensuite par 7, on a le produit de 3 par 7 ou de 7 par 3 et le carré de 7.

Comme conséquence, la différence entre les carrés de deux nombres successifs est égale à 2 fois le plus petit nombre, + 1.

Les carrés des 10 premiers nombres sont :

$$1, 4, 9, 16, 25, 36, 49, 64, 81, 100.$$

Tout nombre de deux chiffres qui n'est pas carré parfait, est compris entre deux des nombres précédents, et l'un des neuf premiers nombres est sa racine à une unité près.

$$\sqrt{59} = 7, \text{ à une unité près.}$$

L'extraction de la racine carrée d'un nombre quelconque est basée sur la propriété relative au carré d'une somme $(d + u)^2 = d^2 + 2\,d\,u + u^2$.

Tout nombre > 100 a une racine > 10. Composée de dizaines et d'unités, cette racine a la forme $d + u$. Le carré des dizaines ne peut donner que des centaines, qui se trouvent comprises dans les centaines du nombre donné. On est ainsi conduit à séparer deux chiffres sur la droite. Le nombre formé par les chiffres qui restent à gauche, c'est-à-dire le nombre correspondant aux centaines, donnera le chiffre des dizaines de la racine, par la valeur de sa racine carrée.

En retranchant du nombre donné le carré des dizaines de la racine, le reste se composera du double produit des dizaines par les unités et du carré des unités.

Le double produit des dizaines par les unités ne peut donner que des dizaines qui se trouvent comprises dans les dizaines du reste. Si donc l'on sépare le dernier chiffre de droite du reste, et si l'on divise le nombre correspondant aux dizaines par le double du chiffre de la racine déjà trouvée, on aura le chiffre des unités ou un chiffre trop fort, car le carré des unités peut donner des dizaines.

La recherche de la racine carrée d'un nombre quelconque se ramène donc à la recherche de la racine carrée d'un nombre qui a deux chiffres de moins ; le même raisonnement s'applique au nouveau nombre, dont on doit séparer les deux derniers chiffres de droite, et ainsi de suite, jusqu'à ce que le dernier groupe de gauche, composé de 1 ou de 2 chiffres, soit un nombre < 100 dont la racine est immédiatement déterminée.

De là se déduit la règle connue :

Pour extraire une racine carrée : on partage le nombre en tranches de deux chiffres, à partir de la droite, sauf à n'avoir qu'un seul chiffre dans la dernière tranche de gauche ; on extrait la racine du plus grand carré contenu dans la dernière tranche de gauche ; on a le premier chiffre de la racine : on en fait le carré que l'on retranche du nombre formé par la première tranche de gauche ; à la droite du reste, on abaisse la tranche suivante, on sépare par un point le dernier chiffre de droite, et l'on divise le nombre ainsi formé par le double de la racine. On a ainsi le second chiffre de la racine ou un chiffre trop fort. On écrit à la droite du double de la racine le nombre à essayer, et on multiplie le nombre ainsi formé par le deuxième chiffre supposé de la racine ; on retranche du reste. Si la soustraction n'est pas possible, le chiffre est trop fort, on le diminue d'une unité et on recommence. A la droite du second reste, on abaisse la tranche suivante dont on sépare encore le dernier chiffre de droite ; on divise le nombre ainsi formé par le double de la racine, on a le troisième chiffre de la racine ou un chiffre trop fort, et ainsi de suite.

Si un reste obtenu était $>$ que le double de la partie déjà calculée de la racine $+$ 1, cela prouverait, qu'au lieu d'être trop fort, le chiffre essayé est trop faible.

La preuve de l'extraction de la racine carrée se fait en élevant au carré le nombre trouvé et en ajoutant le reste. On doit retrouver le nombre donné.

Pour extraire la racine carrée d'un nombre A à $\dfrac{1}{n}$ près, on multiplie A par n^2, on extrait la racine du produit et on divise par n, car

$$A = A \times \frac{n^2}{n^2} \quad \text{et} \quad \sqrt{A} = \frac{\sqrt{A \times n^2}}{n}$$

12° Rapports et Proportions

On appelle *rapport* de deux nombres le quotient de ces deux nombres l'un par l'autre.

Le rapport de 3 à 5 est $\dfrac{3}{5}$.

Le 1er terme, *dividende*, est l'*antécédent*.

Le 2e terme, *diviseur*, est le *conséquent*.

Les propriétés des fractions s'appliquent aux rapports.

Deux rapports sont inverses lorsqu'ils ont les mêmes termes, mais disposés en ordre inverse $\dfrac{4}{5}$, $\dfrac{5}{4}$.

Le produit de 2 rapports inverses égale 1.

On appelle *proportions* l'égalité de 2 rapports.

Il y a 4 termes, 2 extrèmes et 2 moyens.

On appelle *4° proportionnel*, l'un quelconque des termes, lorsqu'ils sont différents.

On appelle *moyenne proportionnelle* chacun des moyens quand ils sont égaux. La proportion est alors continue : $\dfrac{4}{6} = \dfrac{6}{9}$. Les deux autres termes sont : *3° proportionnelle*.

Le produit des extrèmes est égal au produit des moyens, car si on réduit au même dénominateur, les numérateurs seront égaux, puisque les dénominateurs sont égaux. Or, les numérateurs seront précisément, d'une part, le produit des extrèmes, d'autre part le produit des moyens.

Comme conséquences :

1° Pour avoir l'un des termes d'une proportion dont on connaît les trois autres, on fait le produit des extrèmes et on divise par le moyen connu.

2° Pour avoir la moyenne proportionnelle entre deux nombres donnés, on en fait le produit et ou extrait la racine.

3° Quand le produit de deux nombres est égal au produit de deux autres nombres, les quatre nombres peuvent former une proportion.

4° On peut changer les moyens entre eux.

5° On peut changer les extrèmes entre eux.

6° On peut renverser les deux rapports.

Deux grandeurs variables sont *directement proportionnelles* lorsque l'une devient 2 fois, 3 fois, etc., plus grande ou plus petite, quand l'autre devient aussi 2, 3, etc., fois plus grande ou plus petite.

Deux grandeurs sont, au contraire, *inversement proportionnelles* lorsque l'une devient 2, 3, etc., fois plus grande ou plus petite, quand l'autre devient 2, 3, etc., fois plus petite ou plus grande.

§ II. — ALGÈBRE

1° Emploi des lettres pour représenter des inconnues. — Emploi des lettres pour représenter les données. — Formules algébriques. — Équation du mouvement uniforme.

L'algèbre simplifie et généralise les opérations. Les quantités sont remplacées par des lettres : les quantités connues par les premières lettres de l'alphabet a, b, c..., les inconnues par les dernières x, y, z.

On n'a plus besoin, comme en arithmétique, de répéter des mots et des phrases, d'où simplification.

On n'est plus obligé, comme en arithmétique, de recommencer les problèmes quand la valeur des données est changée, d'où généralisation.

La résolution des problèmes conduit à des *formules algébriques*, c'est-à-dire à des expressions qui indiquent les opérations à faire en fin de compte et où les lettres peuvent être remplacées par des valeurs quelconques.

Soit à trouver, par exemple, la position d'un mobile M qui va du point A au point B, d'un mouvement uniforme, c'est-à-dire en parcourant des espaces égaux dans des temps égaux.

Il y a 3 éléments, la *distance*, la *vitesse* et le *temps*. Si 2 des éléments étaient connus en nombre, on pourrait, par les moyens arithmétiques, trouver le 3°, mais il faudrait recommencer chaque fois que les nombres seraient changés.

Pour résoudre la question par l'algèbre, on représente les données par des lettres, soit d la distance A B, v la vitesse,

$$v \longrightarrow$$
$$A \longleftarrow\!\cdots\cdots\cdots\cdots\ d\ \cdots\cdots\cdots\cdots\!\longrightarrow B$$
$$\longleftarrow\cdots\ x\ \cdots\longrightarrow M$$

c'est-à-dire l'espace parcouru dans l'unité de temps, t le temps au bout duquel on veut connaître la position du mobile, et enfin x la distance du point M au point A. Si x était connu, la position du mobile serait déterminée.

Puisque le mobile a marché pendant t, unité de temps, et puisqu'il fait toujours le même chemin v pendant chaque unité de temps, $x = v\,t$.

C'est là une formule algébrique ; c'est l'*Équation du mouvement uniforme.*

On peut donner à v et t des valeurs quelconques, on en déduit la valeur de x, c'est-à-dire la solution de chaque nouveau problème.

Si l'on voulait connaître la position du mobile par rapport au point B, on aurait :

$$\mathrm{M\,B} = \mathrm{A\,B} - \mathrm{B\,M} = d \qquad x = d - v\,t.$$

$$(a + b) \times (a - b) = a^2 - b^2$$
$$(a + b)^2 = a^2 + 2\,a\,b + b^2$$
$$(a - b)^2 = a^2 - 2\,a\,b + b^2$$

Ce sont là des formules algébriques.

Les formules algébriques ont non seulement l'avantage de généraliser la solution des problèmes, mais encore elles abrègent l'énoncé des théorèmes et en facilitent la démonstration.

Le produit d'une somme par une différence est égal à la différence des carrés. Se réduit en algèbre à :

$$(a + b) \times (a - b) = a^2 - b^2$$

$a\,b = b\,a$ veut dire que dans un produit on peut intervertir l'ordre des facteurs.

$$\overset{\displaystyle <\cdots m\ fois\cdots>\ <\cdots n\ fois\cdots>}{a^m \times a^n = a \times a \times a\ldots \times a \times a \times a \times a\ldots \times a = a^{m+n}}$$

2° Emploi des nombres positifs ou négatifs pour la représentation des grandeurs susceptibles d'être portées dans un sens ou dans le sens opposé ; longueurs comptées à partir d'un point ; temps ; vitesse ; degré thermométrique.

En algèbre, les lettres comportent un signe $(+ a)$, $(— b)$. Une lettre sans signe est supposée affectée du signe $+$.

Ajouter 5 à un nombre, c'est l'augmenter de 5. Au point de vue algébrique, on peut ajouter $(— 5)$; c'est diminuer de 5.

En arithmétique on a : $6 — 4 = 2$; $6 — 5 = 1$; $6 — 6 = 0$; et l'on ne peut aller au-delà. Au point de vue algébrique on peut continuer la série :

$$6 — 7 = — 1 \qquad 6 — 8 = — 2$$
Et l'on a : $7 + (— 1) = 6 \qquad 8 + (— 2) = 6.$

La différence ajoutée algébriquement au nombre soustrait reproduit l'autre nombre.

Lorsque des grandeurs peuvent être comptées dans deux sens différents, deux grandeurs égales, mais de signes contraires, doivent être comptées, l'une dans un sens, l'autre dans le sens opposé.

Soit un mobile M en repos en A. Sa vitesse est nulle. Il peut

$$\underset{\text{B'} \quad \text{M}_2 \quad d = — v\,t \quad \text{A} \quad d = v\,t \quad \text{M}_1 \quad \text{B}}{\xleftarrow{\hspace{3cm}} \text{M} \xrightarrow{\hspace{3cm}}}$$

se déplacer sur une ligne quelconque B′ A B, soit dans le sens A B, soit dans le sens opposé A B′.

S'il se déplace d'un mouvement uniforme de A vers B avec une vitesse $+ v$, au bout du temps $+ t$, il se trouvera en M_1 à une distance $d = v\,t$ du point A. Si la vitesse était $— v$, la distance serait $— v\,t$. Cela voudrait dire que le mobile est parti dans le sens opposé A B′ et qu'au bout du temps $+ t$ il se trouvera en M_2 c'est-à-dire à la même distance du point A, mais du côté opposé.

Si, la vitesse étant positive $+ v$, le temps avait une valeur négative $- t$, on aurait $d = - v\,t$, le mobile se trouverait encore en M_2, il marcherait dans le sens de AB, mais ne serait pas encore arrivé ou point A, au lieu de l'avoir dépassé comme dans la position M_1. Par rapport à une date déterminée, les valeurs négatives des temps correspondent à des époques antérieures, et les valeurs positives à des époques postérieures.

Les degrés thermométriques sont positifs ou négatifs. Le zéro de la graduation est le point où s'arrête la colonne d'alcool ou de mercure, quand l'instrument est placé dans de la glace fondante. A partir de zéro, il y a la même graduation au-dessus et au-dessous.

Quand la température ambiante est plus élevée que celle de la glace fondante, la colonne d'alcool ou de mercure dépasse le zéro ; la température se lit sur la graduation supérieure ; les degrés sont positifs ; si la température est au contraire plus basse que celle de la glace fondante, la colonne descend au-dessous de zéro ; la température se lit sur la graduation inférieure, les degrés sont négatifs.

Quand une personne touche 100 francs et en dépense 20, il lui reste 80 francs, c'est une valeur positive. Si elle touche 100 francs, mais en dépense 120, elle ne peut plus tout payer : algébriquement, il lui reste $- 20$ francs, c'est-à-dire qu'au lieu d'avoir de l'argent en poche, comme dans le premier cas, elle est débitrice de 20 francs.

3° Monômes et Polynômes ; opérations sur les nombres positifs et sur les nombres négatifs. — Addition, soustraction et multiplication des polynômes.

On appelle *expression algébrique*, l'indication d'opérations à faire entre des nombres représentés par des lettres. Une expression algébrique est rationnelle ou irrationnelle, entière ou fractionnaire, suivant qu'elle n'a pas ou qu'elle a un $\sqrt{\ }$ ou un signe de division.

Un *monôme* est une expression algébrique sans signes d'addition ou de soustraction. Le coefficient d'un monôme est un chiffre significatif qui le précède en indiquant combien de fois le monôme est répété. L'exposant est la puissance, c'est-à-dire le nombre de facteurs égaux. Le degré d'un terme ou monôme est la somme des exposants. Les termes composés des mêmes lettres, affectées des mêmes exposants, sont dits *semblables* : ils ne diffèrent que par les coefficients et les signes. On peut les réduire, c'est-à-dire les remplacer par un seul terme semblable ; on fait pour cela la somme des termes positifs, puis celle des termes négatifs, on retranche le plus petit nombre du plus grand et l'on affecte le coefficient du signe du plus grand.

Un *polynôme* est la réunion par les signes $+$ ou $-$ de plusieurs monômes. Les opérations sont les mêmes pour les termes positifs que pour les termes négatifs.

Addition. On écrit les termes à la suite les uns des autres, sans changer les signes. $A + (a - b - c) = A + a - b + c$: car si on ajoute a le résultat est d'abord trop fort de b, puis trop faible de c.

Soustraction. On écrit le second polynôme à la suite du premier, en changeant les signes. $A - (a - b + c) = A - a + b - c$, car si on ajoute $(a - b + c)$ on retrouve A.

Multiplication. — Pour multiplier deux monômes, on multiplie les coefficients, on fait pour chaque lettre la somme des exposants, et on applique la règle des signes $\left.\dfrac{+ \times +}{- \times -}\right\} = + ;$ $\left.\dfrac{+ \times -}{- \times +}\right\} = -,$ qui se démontre ainsi qu'il suit :

Soit à multiplier $(a - b)$ par $(c \quad d)$; a positif $\times c$ positif $= ac$, le résultat est trop fort de $b \times c$, soit de bc, puis ensuite de $(a - b) \times d$, soit $ad - bd$, ce qui donne pour résultat final $ac - bc - ad + bd$, c'est-à-dire la vérification de la règle des signes.

Pour multiplier un polynôme par un monôme, on multiplie successivement par le monôme les différents termes du polynôme.

Pour multiplier deux polynômes l'un par l'autre, on multiplie successivement les termes du premier par ceux du second et on fait la somme. Dans la pratique, on commence par *ordonner* les polynômes par rapport aux puissances croissantes ou décroissantes d'une même lettre, c'est-à-dire que l'on écrit les termes de telle sorte que les exposants d'une même lettre aillent en augmentant ou en diminuant. Cela permet d'opérer la réduction des termes semblables.

En multipliant deux polynômes, ordonnés dans le même sens, il y a deux termes irréductibles : ceux qui proviennent de la multiplication entre eux, des premiers et des derniers termes, car les exposants y sont maxima et minima. La règle de la division s'en déduit, on commence par ordonner les polynômes dividende et diviseur, et l'on a le premier terme du quotient en divisant le premier terme du dividende par le premier terme du diviseur. On en déduit un premier produit partiel que l'on retranche du dividende, et ainsi de suite.

4° Équations du 1ᵉʳ degré à une ou plusieurs inconnues. — Résolution des équations du 1ᵉʳ degré à une ou plusieurs inconnues.

On appelle *identité* une égalité qui est vérifiée, quelles que soient les valeurs données aux lettres.

$$(a + b)^2 = a^2 + 2\,a\,b + b^2$$

On appelle *équation* une égalité qui n'est vérifiée que par certaines valeurs données aux inconnues.

Résoudre une équation, c'est chercher ces valeurs des inconnues.

Le degré d'une équation, mise, par rapport aux inconnues, sous forme rationnelle et entière, est la somme des exposants des inconnues dans le terme où cette somme est la plus grande.

Une équation du 1ᵉʳ degré à une seule inconnue peut toujours se ramener à la forme : $A\,x = C$.

Les équations $A = B$, $A + m = B + m$, et $A \times m = B \times m$, sont en effet des équations équivalentes. Les deux termes de chacune d'elles deviennent égaux pour la même valeur de l'inconnue. On peut donc faire passer un terme d'un membre dans l'autre, en changeant son signe, et faire disparaître les dénominateurs.

De $A\,x = C$, on déduit $x = \dfrac{C}{A}$.

Une équation du 1ᵉʳ degré, à une inconnue, a donc une solution, et une seule. On l'obtient en divisant le terme tout connu du deuxième membre par le coefficient de l'inconnue.

Une équation du 1ᵉʳ degré, à plusieurs inconnues, a une infinité de solutions, car on peut donner à toutes les inconnues, sauf une, des valeurs quelconques.

Quand il y a plus d'une inconnue, pour avoir une solution, il faut qu'il y ait, en général, autant d'équations que d'inconnues. S'il y a plus d'inconnues que d'équations, il y a indétermination ; s'il y a plus d'équations que d'inconnues, il y a généralement impossibilité.

L'ensemble de plusieurs équations constitue un *système*. La résolution s'obtient en substituant au système primitif des systèmes, dits équivalents, qui admettent les mêmes solutions et qui permettent d'éliminer, c'est-à-dire de faire disparaître successivement, toutes les inconnues sauf une.

Soient deux équations du 1er degré à deux inconnues :

$$1 \begin{cases} a\,x + b\,y = c. \\ a'x + b'y = c'. \end{cases}$$

Méthode de substitution. — De l'une des équations, on déduit une des inconnues comme si l'autre était connue ; on porte cette valeur dans l'autre équation et l'on n'a plus qu'une équation à une inconnue.

Le système 1 est remplacé successivement par les systèmes équivalents suivants :

$$2 \begin{cases} y = \dfrac{c - a\,x}{b} \\ a'x + b'y = c' \end{cases} \qquad 3 \begin{cases} y = \dfrac{c - a\,x}{b} \\ a'x + b'\,\dfrac{c - a\,x}{b} = c' \end{cases} \qquad 4 \begin{cases} y = \dfrac{c - a\,x}{b} \\ x = \dfrac{c\,b' - b\,c'}{a\,b' - b\,a'} \end{cases}$$

$$5 \begin{cases} x = \dfrac{c\,b' - b\,c'}{a\,b' - b\,a'} \\ y = \dfrac{c - a\,\dfrac{c\,b' - b\,c'}{a\,b' - b\,a'}}{b} \end{cases} \qquad 6 \begin{cases} x = \dfrac{c\,b' - b\,c'}{a\,b' - b\,a'} \\ y = \dfrac{a\,c' - c\,a'}{a\,b' - b\,a'} \end{cases} \quad \text{Formules de résolution}$$

Méthode par addition ou soustraction, dite encore par réduction. — On multiplie les deux termes de chaque équation par le coefficient de l'une des inconnues dans l'autre équation ; puis on ajoute ou on retranche ; l'une des inconnues disparaît et l'on n'a plus à résoudre qu'une équation à une seule inconnue.

Le système 1 est remplacé par les systèmes équivalents suivants :

$$2 \begin{cases} a\,b'\,x + b\,b'\,y = c\,b' \\ a'\,b\,x + b\,b'\,y = b\,c' \end{cases} \qquad 3 \begin{cases} x\,(a\,b' - b\,a') = c\,b' \qquad b\,c' \\ a'\,x + b'\,y = c' \end{cases}$$

$$4 \begin{cases} x = \dfrac{c\,b' - b\,c'}{a\,b' - b\,a'} \\ a'\,\dfrac{c\,b' \qquad b\,c'}{a\,b' - b\,a'} + b'\,y = c' \end{cases} \qquad 5 \begin{cases} x = \dfrac{c\,b' - b\,c'}{a\,b' - b\,a'} \\ y = \dfrac{a\,c' - c\,a'}{a\,b' - b\,a'} \end{cases} \quad \text{Formules de résolution}$$

Le cas de 3 équations à 3 inconnues se ramène au cas de 2, et ainsi de suite.

5° Problèmes conduisant à des équations du 1er degré. — Application à la résolution de quelques problèmes simples.

1° *Deux personnes ont respectivement pour âge* a *et* b, *dans combien de temps l'âge de l'une sera-t-il le double de l'âge de l'autre?*

Soit x le nombre d'années à courir pour que les conditions du problème soient réalisées. L'âge de chaque personne sera de $a + x$ et $b + x$. On aura donc :

$$a + x = 2(b + x)$$

d'où l'on déduit :

$$2x - x = a - 2b$$

$$x = a - 2b$$

C'est la formule de résolution.

Si $a = 2b$, $x = 0$, les conditions du problème sont immédiatement réalisées.

Si a est $> 2b$, on a une valeur positive.

Si a est $< 2b$, on a une valeur négative, ce qui veut dire que l'époque cherchée est passée depuis $(a - 2b)$ années.

2° *Deux mobiles partent en même temps des points* A *et* B *et se déplacent d'un mouvement uniforme sur la ligne* A B *avec des vitesses* v *et* v'. *Où se rencontrent-ils?*

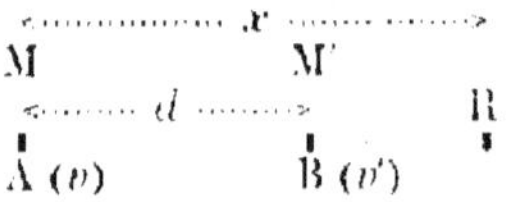

Soit A B $= d$, R le point de rencontre et A R $= x$, on en déduit B R $= x - d$.

Pour les deux mobiles, le temps de parcours est le même, soit t ce temps, on a :

Pour le mobile M $\qquad t = \dfrac{x}{v}$

Pour le mobile M' $\qquad t = \dfrac{x - d}{v'}$

On a donc $\qquad \dfrac{x}{v} = \dfrac{x - d}{v'}$

Ou $\qquad v'x = v(x - d) = vx - vd$

$$x(v - v') = vd$$

$$x = \frac{vd}{v - v'}$$

C'est la formule de résolution.

Si v est $>$ v' on a une valeur positive.

Si v est $<$ v' on a une valeur négative ; la rencontre n'est plus possible ; elle a eu lieu à une époque antérieure.

3° *Trouver deux nombres, sachant que si on enlève une unité au premier pour l'ajouter au second, ce dernier devient le triple du premier, et que si l'on ajoute au premier une unité enlevée au second, les deux nombres sont égaux.*

Soient x et y les deux nombres, on a d'après l'énoncé :

$$1 \begin{cases} 3(x-1) = y+1 \\ x+1 = y-1 \end{cases}$$

$$\text{ou} \quad 2 \begin{cases} 3x - y = 4 \\ x - y = -2 \end{cases}$$

Par substitution

$$3 \begin{cases} x = y - 2 \\ 3y - 6 - y = 4 \end{cases} \quad 4 \begin{cases} x = y - 2 \\ 2y = 10 \end{cases} \quad 5 \begin{cases} x = y - 2 \\ y = 5 \end{cases} \begin{cases} x = 3 \\ y = 5 \end{cases}$$

Par addition ou soustraction

$$3' \begin{cases} x - y = -2 \\ 2x = 6 \end{cases} \quad 4' \begin{cases} y = 5 \\ x = 3 \end{cases}$$

Vérification
$$\begin{cases} 3 \times 2 = 5 + 1 \\ 3 + 1 = 5 - 1 \end{cases}$$

4° *Les trois côtés d'un triangle valent respectivement 412, 506 et 514 mètres. Calculer les valeurs des 6 segments déterminés sur les côtés par les points de contact du cercle inscrit.*

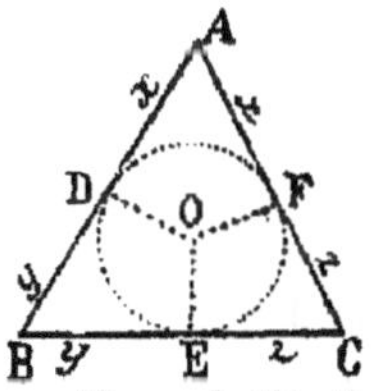

Les tangentes menées d'un même point sont égales, donc les 2 segments sont égaux 2 à 2. Soient x, y et z les trois segments à trouver, on a

$$1 \begin{cases} x + y = 506 \\ x + z = 514 \\ y + z = 412 \end{cases}$$

Par substitution

$$2 \begin{cases} y = 506 - x \\ x + z = 514 \\ 506 - x + z = 412 \end{cases} \quad 3 \begin{cases} y = 506 - x \\ z = 514 - x \\ 506 - x + 514 - x = 412 \end{cases}$$

$$\text{ou} \quad 4 \begin{cases} y = 506 - x \\ z = 514 - x \\ 2x = 506 + 514 - 412 = 1020 - 412 = 608 \end{cases} \quad 5 \begin{cases} x = 304 \\ y = 202 \\ z = 210 \end{cases}$$

Vérification
$$304 + 202 = 506$$
$$304 + 210 = 514$$
$$202 + 210 = 412$$

6° Équations du second degré

L'équation générale du second degré peut s'écrire :

$$A x^2 + B x + C = 0$$

$B = 0$, on a $A x^2 = - C$ ou $x = \pm \sqrt{\dfrac{C}{A}}$

Si la quantité sous le radical est positive, on a deux racines égales et de signes contraires.

Si la quantité sous le radical est négative, on ne peut extraire la racine et l'on a des valeurs dites *imaginaires*.

$B <> 0$. En divisant par A, l'équation peut se mettre sous la forme $x^2 + \dfrac{B}{A} x + \dfrac{C}{A} = 0$.

Les deux premiers termes x^2 et $\dfrac{B}{A} x$ sont les deux premiers termes du carré de $x + \dfrac{B}{2 A}$, car on a

$$\left(x + \frac{B}{2 A}\right)^2 = x^2 + \frac{B}{A} x + \frac{B^2}{4 A^2}$$

On peut compléter le carré en ajoutant et en retranchant $\dfrac{B^2}{4 A^2}$, ce qui donne :

$$x^2 + \frac{B}{A} x + \frac{B^2}{4 A^2} - \frac{B^2}{4 A^2} + \frac{C}{A} = 0,$$

$$\text{ou} \quad \left(x + \frac{B}{2 A}\right)^2 = \frac{B^2 - 4 A C}{4 A^2}$$

en faisant passer les termes $\dfrac{- B^2}{4 A^2}$ et $\dfrac{C}{A}$ dans le second membre et en réduisant au même dénominateur.

En prenant la racine de chaque membre, on a :

$$x + \frac{B}{2 A} = \pm \frac{\sqrt{B^2 - 4 A C}}{2 A}$$

d'où on déduit deux solutions :

$$x' = - \frac{B}{2 A} + \frac{\sqrt{B^2 - 4 A C}}{2 A}$$

$$x'' = - \frac{B}{2 A} - \frac{\sqrt{B^2 - 4 A C}}{2 A}$$

$B^2 > 4\,A\,C$, — on a deux valeurs réelles.

$B^2 < 4\,A\,C$, — on a des valeurs imaginaires, car la quantité sous le radical est négative.

$B^2 = 4\,A\,C$, — on a des valeurs égales ; ce qui s'explique puisque l'équation devient alors, en remplaçant $\dfrac{C}{A}$ par $\dfrac{B^2}{4\,A^2}$:

$$x + \frac{B}{A} \, x + \frac{B^2}{4\,A^2} = 0,$$

$$\text{ou} \quad \left(x + \frac{B}{2\,A} \right)^2 = 0.$$

Ce qui n'est vrai que pour $x = \dfrac{-B}{2\,A}$.

$$x' + x'' = \frac{-B}{2\,A} + \frac{\sqrt{B^2 - 4\,A\,C}}{2\,A} + \left(\frac{-B}{2\,A} - \frac{\sqrt{B^2 - 4\,A\,C}}{2\,A} \right)$$
$$= \frac{-2\,B}{2\,A} = \frac{-B}{A}.$$

La somme des racines est égale au coefficient de x pris en signe contraire quand le coefficient de x^2 est 1.

$$x'\,x'' = \left(\frac{-B}{2\,A} + \frac{\sqrt{B^2 - 4\,A\,C}}{2\,A} \right) \times \left(\frac{-B}{2\,A} - \frac{\sqrt{B^2 - 4\,A\,C}}{2\,A} \right)$$

C'est le produit d'une somme par une différence. Il a pour valeur la différence des carrés, c'est-à-dire que :

$$x'\,x'' = \frac{B^2}{4\,A^2} - \frac{B^2}{4\,A^2} + \frac{4\,A\,C}{4\,A^2} = \frac{C}{A}.$$

Le produit des racines est égal au terme connu, quand le coefficient de x^2 est 1.

On remplace souvent $\dfrac{B}{A}$ par p et $\dfrac{C}{A}$ par q, l'équation du second degré prend alors la forme :

$$x^2 + p\,x + q = 0$$

$$\text{on a} \quad x = -\frac{p}{2} \pm \sqrt{\frac{p^2}{4} - q}$$

$$x' = -\frac{p}{2} + \sqrt{\frac{p^2}{4} - q} \; ; \quad x'' = -\frac{p}{2} - \sqrt{\frac{p^2}{4} - q}$$

$$x' + x'' = -p \; ; \quad x'\,x'' = q.$$

§ III. — GÉOMÉTRIE

1° Ligne droite et Plan.   Angles

Un *volume* est une portion limitée de l'espace ; une *surface*, l'intersection de deux volumes ; une *ligne*, l'intersection de deux surfaces ; un *point*, l'intersection de deux lignes.

La *ligne droite* est le plus court chemin d'un point à un autre.

Une *ligne brisée* est une ligne composée de lignes droites.

Une ligne qui n'est ni droite ni composée de lignes droites est dite : *ligne courbe*.

Le *plan* est une surface telle qu'une ligne droite menée par deux de ses points y est tout entière contenue.

Par une seule droite on peut faire passer une infinité de plans, car la droite peut être considérée comme une charnière.

L'intersection d'une droite et d'un plan est un point, car s'il y avait un second point commun, la droite serait contenue dans le plan.

Deux droites qui se coupent, ou trois points non en ligne droite, déterminent un plan.

L'intersection de deux plans est une ligne droite, car s'il y avait trois points communs non en ligne droite les deux plans coïncideraient.

Un *angle* est l'espace compris entre deux lignes droites qui se coupent. Le point de rencontre est le sommet ; les deux lignes sont les côtés.

La grandeur de l'angle ne dépend que de l'écartement des côtés.

Il y a trois sortes d'angles, l'*angle aigu*, l'*angle obtus*, l'*angle droit*.

Soient les lignes A B . C D' ; l'angle A C D' < B C D' est dit aigu, l'angle B C D' > A C D' est dit obtus.

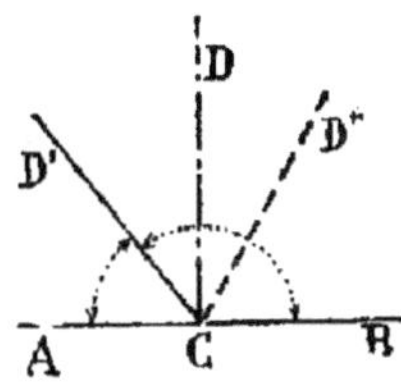

Si C D' tourne autour de C et prend la position C D", A C D" > B C D" est obtus. B C D" < A C D" est aigu.

L'angle le plus petit est devenu le plus grand, le plus grand est devenu le plus petit. Il y a un moment où ils sont égaux, A C D = B C D. Les angles sont alors droits et les lignes qui les forment sont *perpendiculaires* l'une sur l'autre.

Tous les angles droits sont égaux et valent 90°.

Les angles *adjacents* sont ceux qui ont le sommet et un côté communs, et qui sont situés de part et d'autre du côté commun.

Si les côtés non communs sont en ligne droite, les angles adjacents sont *supplémentaires*. Ils valent deux angles droits ou 180°.

Deux angles sont dits *complémentaires* quand leur somme équivaut à un angle droit.

Deux angles sont dits *opposés par le sommet* quand les côtés de l'un sont les prolongements des côtés de l'autre.

Les angles opposés par le sommet sont égaux. Les figures sont en effet superposables ou bien encore chacun des angles a le même supplément.

La somme des angles faits autour d'un point est égale à quatre droits, car si l'on prolonge l'une des lignes, on a deux angles supplémentaires qui comprennent tous les angles primitifs.

La *bissectrice* est la ligne qui partage un angle en deux angles égaux.

Les angles qui ont leurs côtés parallèles ou perpendiculaires sont égaux ou supplémentaires.

2° **Triangles.** — **Cas d'égalité**

Un triangle est la surface limitée par trois lignes droites qui se coupent. Il y a six éléments : trois côtés, trois angles ou sommets. La hauteur est la perpendiculaire abaissée d'un sommet sur le côté opposé.

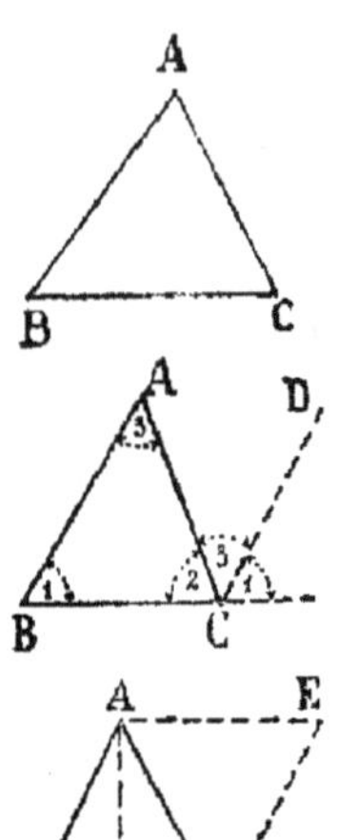

Dans un triangle, **un côté quelconque est plus petit que la** somme des deux autres, puisque la ligne droite est plus courte que la ligne brisée et il est plus grand que leur différence.

Soit le triangle A B C, puisque B C est $<$ A B + A C, A B est $>$ B C — A C.

La somme des angles d'un triangle est égale à deux droits.

Soit le triangle A B C. En menant C D parallèle à A B, on forme en C trois angles égaux aux angles du triangle et dont la somme est égale à deux droits.

La surface d'un triangle est égale à la moitié du produit de la base par la hauteur correspondante.

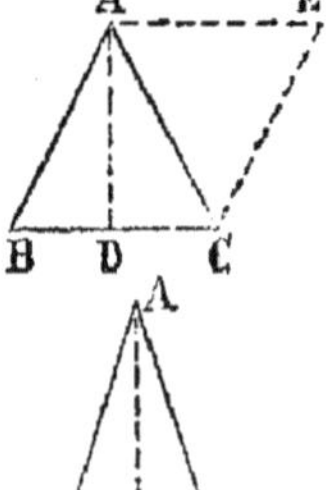

Surface A B C $= \dfrac{B C \times A D}{2}$, car le triangle A B C est la moitié du parallélogramme A B C E.

Un triangle dont les côtés sont différents et les angles quelconques est dit *scalène*.

Si deux côtés sont égaux, le triangle est *isocèle*. Dans le triangle isocèle A B C, où A B = A C, la ligne A D qui joint le sommet A au milieu du côté différent des deux autres, c'est-à-dire la *médiane*, est en même temps la *bissectrice* de l'angle A et la *hauteur*.

Aux côtés égaux sont opposés des angles égaux et réciproquement, car les figures A D B et A D C sont superposables.

Si les trois côtés sont égaux, le triangle est *équilatéral* ; les angles sont aussi égaux et ont chacun pour valeur les 2/3 de l'angle droit ou 60°.

Un triangle est dit *rectangle* quand l'un des angles est droit ; le côté opposé est l'*hypothénuse*.

Deux triangles sont dits *égaux* lorsqu'ils sont superposables.

Il y a trois cas d'égalité :

Deux triangles sont égaux lorsqu'ils ont un côté égal adjacent à deux angles égaux.

Deux triangles sont égaux lorsqu'ils ont un angle égal compris entre deux côtés égaux.

Ces deux premiers cas se démontrent par les superpositions des figures.

Deux triangles sont égaux lorsqu'ils ont leurs trois côtés égaux.

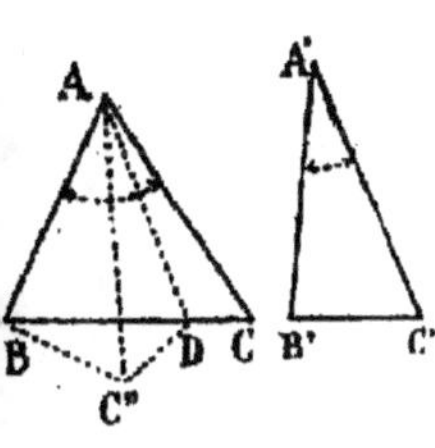

On démontre d'abord que si deux triangles ont deux côtés égaux et les angles compris différents, au plus grand angle est opposé le plus grand côté.

Si on a : $AB = A'B'$, $AC = A'C'$, $A > A'$, BC est $> B'C'$.

En effet, en transportant $A'B'C'$ sur ABC, de façon que $A'B'$ soit sur AB, C' vient en C'', $BC'' = B'C'$.

Soit AD la bissectrice de l'angle CAC'', les triangles ADC, ADC'' sont égaux puisqu'ils ont un angle égal compris entre côtés égaux $DC = DC''$; mais on a $BD + DC'' > BC''$, donc $BD + DC$ ou BC est $> BC''$ ou $B'C'$.

Quand les trois côtés sont égaux, les angles sont aussi égaux, sinon, au plus grand angle serait opposé un plus grand côté.

Dans les triangles rectangles, les angles droits sont égaux. Pour l'égalité, il suffit de deux autres éléments égaux :

1° *Un côté et un angle aigu.* — Les trois angles sont alors égaux.

2° *Deux côtés.* — On a alors un angle égal compris entre deux côtés égaux ou bien les côtés sont égaux puisque les obliques égales s'écartent également du pied de la perpendiculaire.

3° Perpendiculaires et obliques

Deux lignes qui se coupent forment deux angles adjacents. Si ces angles sont *égaux*, ils sont *droits*, et les lignes qui les forment sont dites *perpendiculaires* l'une sur l'autre.

Par un point pris sur une droite, on peut mener une perpendiculaire à cette droite ; car, si par ce point on mène une droite quelconque, et si on la fait pivoter autour du point donné, l'angle aigu devient obtus, l'angle obtus devient aigu ; il y a donc un moment où ils sont égaux.

Par un point pris hors d'une droite, on peut mener une perpendiculaire et l'on n'en peut mener qu'une.

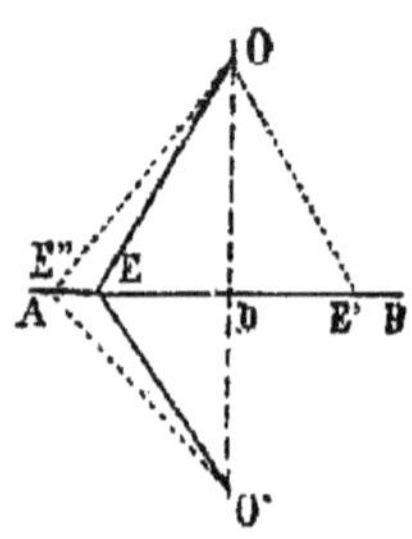

Soit une droite A B et un point O. Si l'on rabat la partie supérieure de la figure en la faisant tourner autour de A B, O vient en O'. La ligne O O' est perpendiculaire à A B, car les angles A D O et A D O' sont égaux puisqu'ils coïncident dans le rabattement.

Toute autre ligne O E n'est pas perpendiculaire.

Les angles adjacents O E D, O' E D sont bien égaux, mais les trois points O E O' ne sont pas en ligne droite.

La perpendiculaire est plus courte que toute oblique, car O O', ligne droite, est plus petite que la ligne brisée O E O', donc :

$$\frac{O\,O'}{2} \text{ ou } O\,D \text{ est } < \frac{O\,E\,O'}{2} \text{ ou } O\,E.$$

Deux obliques qui s'écartent également du pied de la perpendiculaire sont égales, ou inversement. Si D E = D E' : OE = O E', car les triangles O D E, O D E' sont égaux.

De deux obliques, la plus grande est celle qui s'écarte le plus du pied de la perpendiculaire. O E″ est > O E, puisque O E″ est la moitié de O E″ O' qui est > O E O', dont O E est la moitié.

On appelle *lieu géométrique*, une ligne dont tous les points jouissent d'une même propriété et en jouissent exclusivement. La circonférence est le lieu géométrique des points situés à égale distance du centre ; la bissectrice est le lieu géométrique des points situés à égale distance des deux côtés d'un angle.

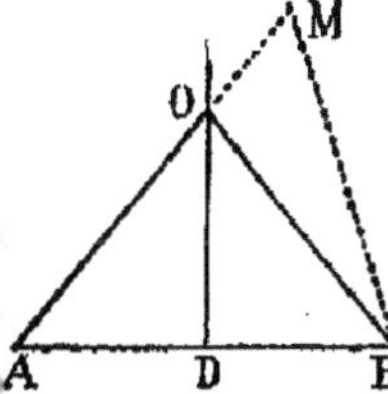

Si, par le milieu d'une ligne, on élève une perpendiculaire, elle est le lieu géométrique des points également distants des extrémités de la droite, car pour tout point de la perpendiculaire, on a toujours des obliques égales comme s'écartant également du pied de la perpendiculaire et pour tout point extérieur M, on a :

M A > M B, car : O A = O B et O B + O M ou M A > M B

4° Théorie des Parallèles
Parallélogramme

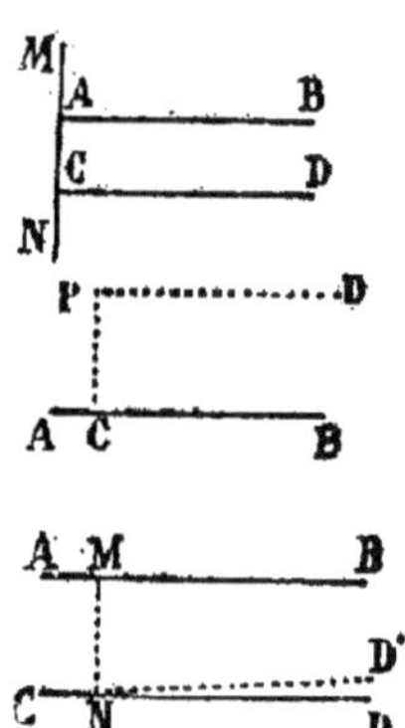

Des lignes droites situées dans un même plan et qui ne se rencontrent pas quand on les prolonge indéfiniment sont *parallèles*.

Deux droites perpendiculaires à une troisième sont parallèles, car si elles se rencontraient, on pourrait mener deux perpendiculaires sur une même droite par un même point.

Par un point pris hors d'une droite, on peut mener une parallèle à cette droite. On peut, en effet, mener du point donné, d'abord une perpendiculaire sur la droite, puis une perpendiculaire sur cette perpendiculaire.

Quand deux lignes droites sont parallèles, toute perpendiculaire à l'une est perpendiculaire à l'autre. Si N D n'était pas perpendiculaire à M N, la perpendiculaire N D' serait aussi parallèle à A B, et l'on pourrait par N mener deux parallèles à A B, ce qui n'est pas possible, puisque les parallèles ne se rencontrent pas.

Quand deux parallèles sont coupées par une sécante, les angles formés sont : *alternes-internes, alternes-externes, correspondants, internes du même côté* ou *externes du même côté*.

Les angles alternes-internes sont égaux.

Les angles alternes-externes sont égaux.

Les angles correspondants sont égaux.

Les angles internes du même côté sont supplémentaires.

Les angles externes du même côté sont supplémentaires.

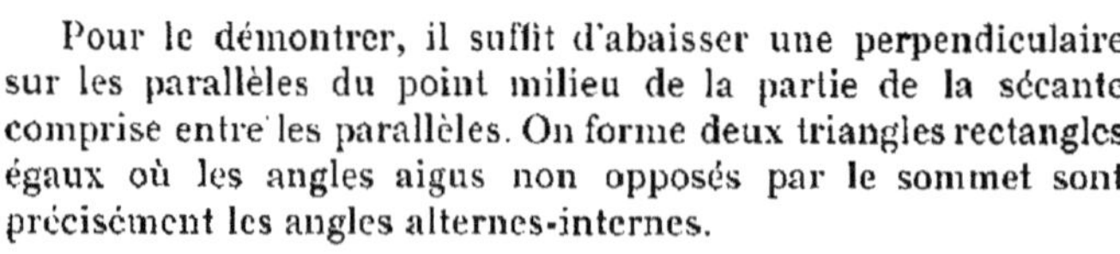

Pour le démontrer, il suffit d'abaisser une perpendiculaire sur les parallèles du point milieu de la partie de la sécante comprise entre les parallèles. On forme deux triangles rectangles égaux où les angles aigus non opposés par le sommet sont précisément les angles alternes-internes.

De l'égalité de ces angles, on déduit toutes les autres propriétés.

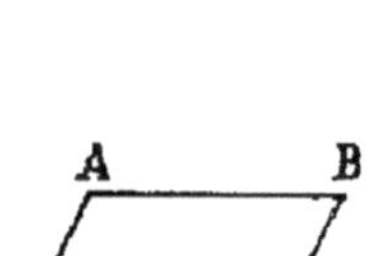

Un *parallélogramme* est un quadrilatère dont les côtés opposés sont parallèles.

Le *losange* est un parallélogramme dont les côtés sont égaux.

Le *rectangle* est un parallélogramme dont les angles sont droits.

Le *carré* est un rectangle dont les côtés sont égaux ou un losange dont les angles sont droits.

Dans un parallélogramme, les côtés opposés sont égaux, les angles opposés sont égaux. — En menant une diagonale, on partage en effet la figure en deux triangles égaux.

Inversement si les côtés ou les angles opposés sont égaux, la figure est un parallélogramme.

Si les côtés opposés sont égaux, les deux triangles formés par les diagonales ont leurs trois côtés égaux et l'on en déduit l'égalité d'angles qui occupent la position d'alternes internes. Les lignes qui les forment sont donc parallèles.

Si les angles opposés sont égaux, la somme des quatre angles vaut quatre droits et la somme de deux angles consécutifs D A B, A B C est égale à deux droits. Comme ces angles occupent la position d'internes par rapport aux droites, A D, B C et à la sécante A B, les deux droites sont parallèles.

Le losange est bien un parallélogramme puisque ses côtés opposés sont égaux.

Le quadrilatère qui a deux côtés égaux et parallèles est un parallélogramme ; la diagonale donne encore deux triangles égaux et des angles alternes internes égaux.

Les diagonales d'un parallélogramme se coupent en parties égales puisqu'elles forment quatre triangles égaux deux à deux.

Les diagonales d'un rectangle sont égales ; celles d'un losange sont perpendiculaires l'une sur l'autre puisque chaque extrémité de l'une est à égale distance des extrémités de l'autre.

Deux parallélogrammes sont égaux lorsqu'ils ont un angle égal compris entre côtés égaux chacun à chacun, car ils coïncident par la superposition.

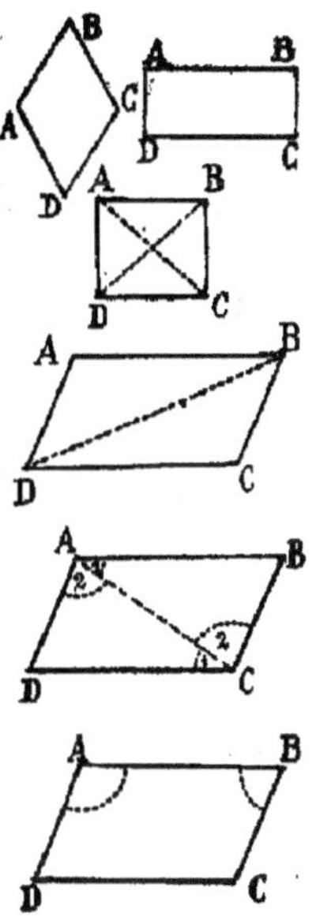
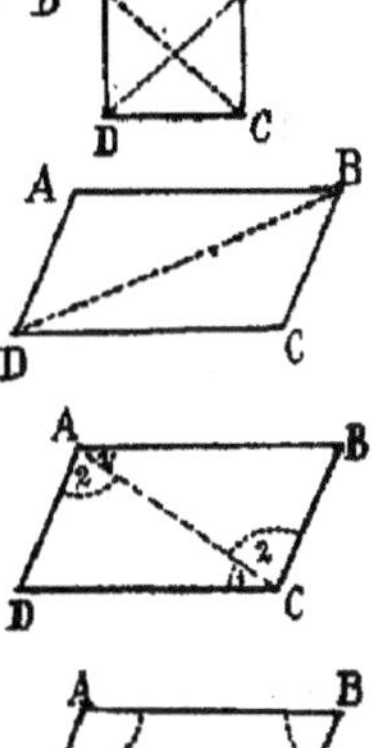
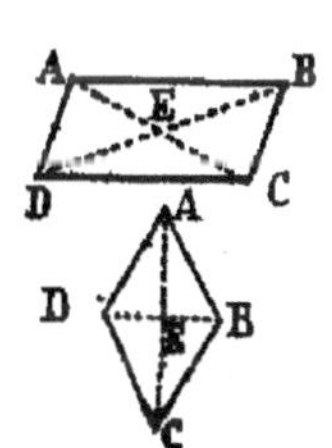

5° Cercle. — Dépendances mutuelles des cordes et des arcs. — Sécantes, tangentes. — Positions relatives de deux cercles.

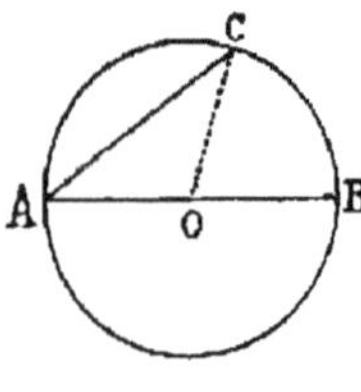

Le *cercle* est une portion de plan limitée par une *circonférence*, c'est-à-dire par une ligne courbe qui est le lieu géométrique des points situés à une même distance d'un point intérieur appelé *centre*. Cette distance égale est le *rayon*; deux rayons en prolongement forment un *diamètre*. L'*arc* est une portion de la circonférence et la ligne qui réunit ses extrémités est une *corde*.

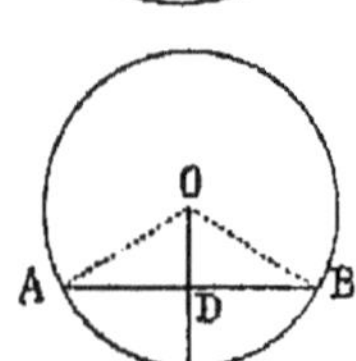

Le *diamètre* est la plus grande corde du cercle. — Soit le diamètre A B et une corde quelconque A C. A B = A O + O C qui est > A C.

Le *rayon* perpendiculaire sur une corde la divise en deux parties égales, car le triangle O A B est isocèle et la médiane O D est à la fois la bissextrice et la hauteur.

Trois points déterminent un cercle dont le centre est le point de rencontre des perpendiculaires menées au milieu des lignes qui joignent ces trois points.

Dans un même cercle ou dans des cercles égaux :

1° *Aux arcs égaux correspondent des cordes égales et réciproquement.* — Si les arcs sont égaux, la superposition est possible donc les cordes sont égales. Si les cordes sont égales, les triangles formés par ces cordes et les rayons sont égaux, les angles opposés aux cordes sont donc égaux et la superposition qui est possible, prouve que les arcs sont égaux.

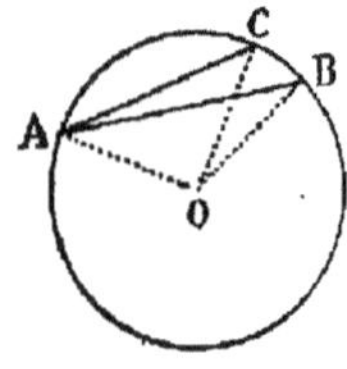

2° *Au plus grand arc correspond la plus grande corde et réciproquement.* — Si l'arc A B est > l'arc A C, A B est > A C. C se trouve en effet entre A et B, donc l'angle A O C est < A O B. Les deux triangles A O B, A O C ont deux côtés égaux, A B qui est opposé au plus grand angle est plus grand que A C.

La réciproque se démontre par l'absurde.

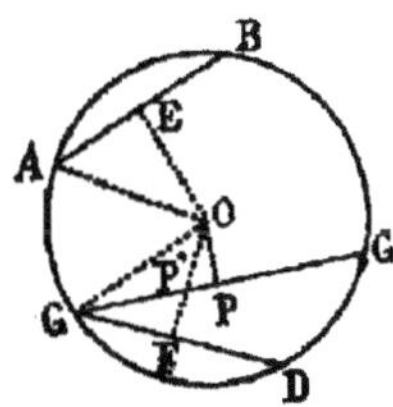

Deux cordes égales sont également éloignées du centre et réciproquement, car les triangles rectangles O E A, O F C sont égaux.

Si deux cordes sont inégales, la plus grande est la plus rapprochée du centre et réciproquement. La perpendiculaire O P est en effet $<$ que l'oblique O P' et par conséquent $<$ O F.

Une *sécante* est une ligne droite qui a 2 points communs avec une circonférence. Si les deux points d'intersection se rapprochent jusqu'à se confondre, la ligne est dite *tangente*.

La tangente est perpendiculaire à l'extrémité du rayon. Le rayon est, en effet, perpendiculaire sur la corde A B. Si cette corde se déplace parallèlement à elle-même, en s'éloignant du centre, les points A et B se rapprochent. Quand ils se confondent, la ligne est tangente.

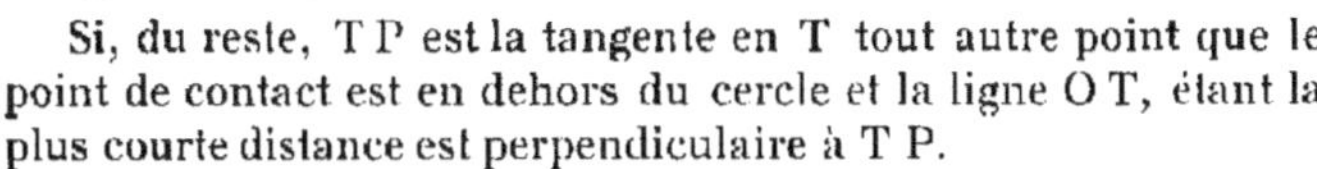

Si, du reste, T P est la tangente en T tout autre point que le point de contact est en dehors du cercle et la ligne O T, étant la plus courte distance est perpendiculaire à T P.

Inversement, si T P est perpendiculaire à O T, il n'y a qu'un point commun avec la circonférence, puisque toutes les lignes comme O P sont des obliques $>$ O T.

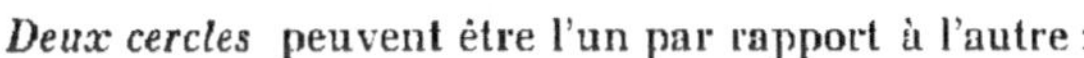

Deux cercles peuvent être l'un par rapport à l'autre :

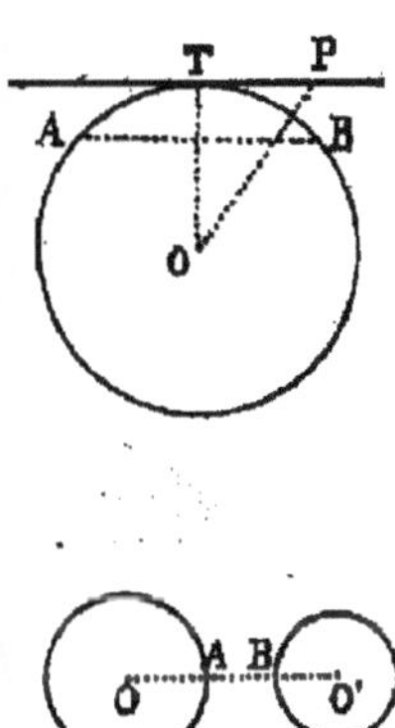

1º *Extérieurs.* — La ligne des centres est plus grande que la somme des rayons. Il y a A B en plus.

2º *Tangents extérieurement.* — La ligne des centres est égale à la somme des rayons. La tangente commune est perpendiculaire à la ligne des centres.

3º *Sécants.* — La ligne des centres est plus petite que la somme des rayons. O O' est $<$ O A + A O'. La corde commune A B est perpendiculaire à la ligne des centres.

4º *Tangents intérieurement.* — La ligne des centres est égale à la différence des rayons. La tangente commune est perpendiculaire à la ligne des centres.

5º *Intérieurs.* — La ligne des centres est plus petite que la différence des rayons. Il y a en moins A B.

Les réciproques sont évidentes.

6° **Mesure des angles**

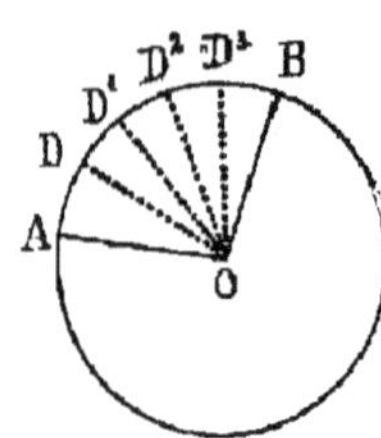

Mesurer une grandeur, c'est chercher combien de fois elle contient la grandeur prise pour unité ou, en d'autres termes, c'est chercher le rapport de cette grandeur à la grandeur prise pour unité :

L'angle au centre a pour mesure l'arc compris entre ses côtés. Soit un angle au centre AOB et soit AOD l'unité d'angle, le rapport $\dfrac{AOB}{AOD}$ est égal au rapport des arcs $\dfrac{AB}{AD}$.

Si, par exemple, A D est contenu 5 fois dans A B, $\dfrac{AB}{AD} = 5$. Soient D^1 , D^2 , D^3 les autres points de division. Aux arcs élémentaires égaux A D, D D¹, D¹ D², D² D³, D³ B, correspondent des angles égaux. L'angle A O B contient donc aussi 5 fois l'angle pris pour unité.

L'angle inscrit, c'est-à-dire celui qui a son sommet sur la circonférence, a pour mesure la moitié de l'arc compris entre ses côtés.

On le démontre en considérant d'abord l'angle inscrit dont l'un des côtés passe par le centre.

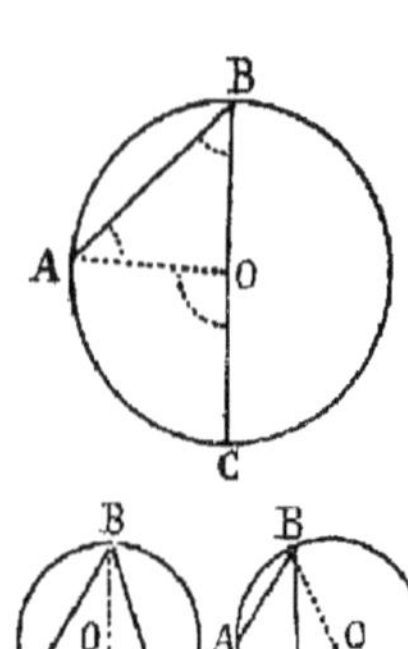

Soit l'angle ABC. L'angle au centre AOC a pour mesure l'arc A C. Il est égal à la somme des angles en A et B, puisqu'il est, comme cette somme, le supplément de l'angle A O B. Le triangle A O B étant isocèle, l'angle en B est la moitié de l'angle A O C, et par conséquent il a pour mesure la moitié de A C.

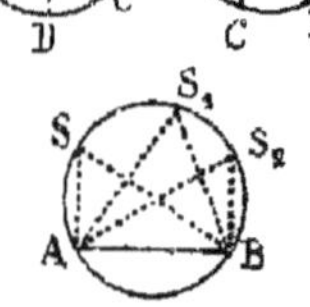

Si l'angle inscrit est quelconque A B C, on le décompose en 2 parties par un diamètre et on en fait la somme : ABC = A BD + D B C, ou on le complète par un autre angle au moyen d'un diamètre et on prend la différence : A BC = ABD—CBD.

Tous les angles inscrits dans un même segment, c'est-à-dire ceux dont les côtés aboutissent aux deux extrémités d'une même corde, sont égaux. Le segment est dit *capable de l'angle donné.*

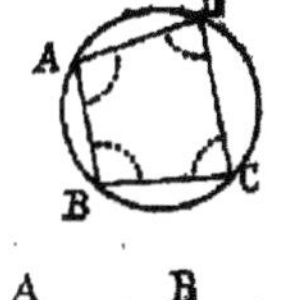

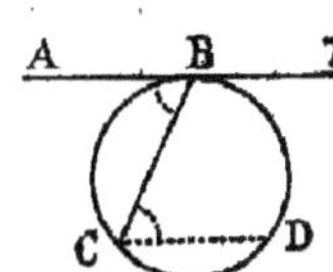

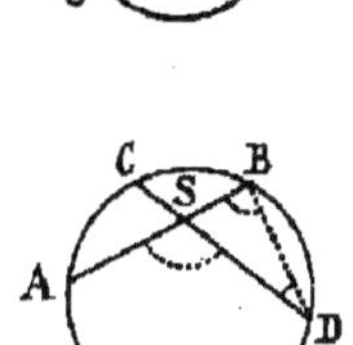

Les angles opposés d'un quadrilatère inscrit dans un cercle sont supplémentaires.

L'angle formé par une tangente et une corde menée du point de contact a pour mesure la moitié de l'arc compris entre ses côtés.

La mesure de l'angle A B C est $\frac{B C}{2}$, car si on mène par C une parallèle à la tangente, l'angle en C = l'angle en B comme alterne-interne et il a pour mesure la moitié de B D qui est égal à B C.

Un angle inscrit intérieurement a pour mesure la 1/2 somme des arcs compris entre ses côtés.

Soit l'angle A S D, il a pour mesure $\frac{A D + B C}{2}$.

L'angle A S D est égal, en effet, à la somme des angles en B et en D, puisqu'il a, comme cette somme, pour supplément l'angle B S D. L'angle A S D a donc pour mesure la somme des mesures des angles en B et en D, c'est-à-dire $\frac{A D + B C}{2}$.

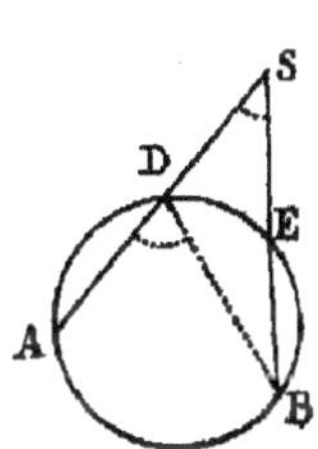

La mesure d'un angle ex-inscrit est égale à la différence des arcs compris entre ses côtés.

Soit l'angle A S B. L'angle A D B est égal à la somme des angles en B et en S, car le supplément est le même de part et d'autre ; donc, l'angle en S a pour mesure la différence des mesures des angles en D et en B, c'est-à-dire la moitié de l'arc A B, moins la moitié de l'arc D E.

7° — Problèmes élémentaires sur la droite et le cercle.

Pour la résolution de ces problèmes, on utilise la règle, le compas, l'équerre et le rapporteur.

Ces principaux problèmes sont les suivants :

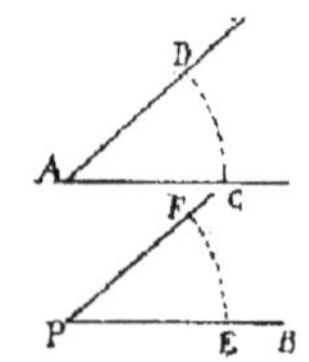

1° *Construction d'un angle égal à un angle donné A.* — Par un point P on mène une ligne quelconque P B, de A et de P comme centres, on décrit des arcs de cercle avec le même rayon, on prend E F = C D et on joint P F. On peut aussi se servir du rapporteur.

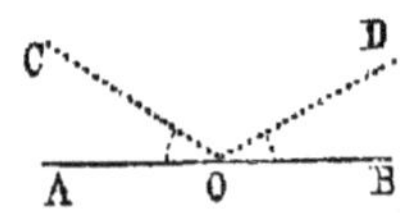

2° *Connaissant deux angles d'un triangle, construire le troisième.* — Au point O, on fait avec A B deux angles A O C, B O D égaux au angles donnés, l'angle C O D est le troisième angle cherché.

3° *Construire un triangle connaissant :*

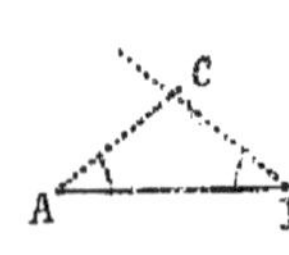

Deux angles et un côté. — Aux extrémités A et B du côté, on fait des angles égaux au angles donnés. Le point de rencontre C est le troisième sommet du triangle.

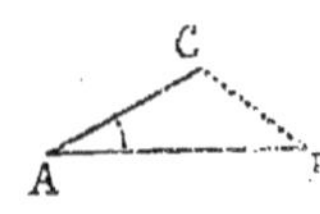

Deux côtés et l'angle compris. — A l'extrémité A de la ligne A B égale à l'un des côtés, on fait un angle égal à l'angle donné et l'on prend A C égal au second côté.

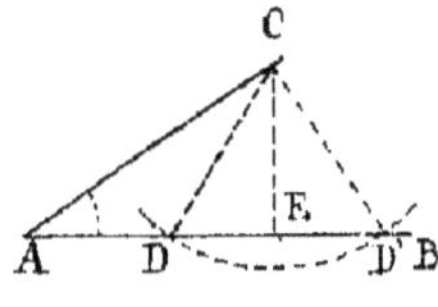

Deux côtés et l'angle opposé à l'un d'eux. — Au point A d'une ligne quelconque AB, on fait, avec A B, un angle égal à l'angle donné, on prend A C égal à l'un des côtés. De C comme centre avec l'autre côté pour rayon, on décrit un arc de cercle qui coupe la ligne primitive en deux points D et D'. Ce sont les sommets des deux triangles à construire A C D, A C D'. Le problème n'est pas toujours possible, car l'arc de cercle ne rencontrerait pas la ligne A B si le deuxième côté donné était plus petit que la perpendiculaire C E. On peut aussi résoudre la question en construisant sur l'un des côtés un segment capable de l'angle donné.

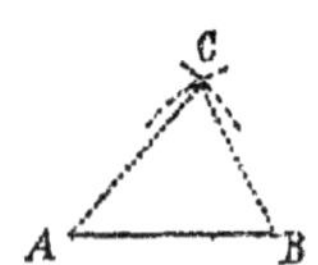

Les trois côtés. — Des extrémités A et B de l'un des côtés, on décrit des arcs de cercle avec des rayons égaux aux deux autres côtés.

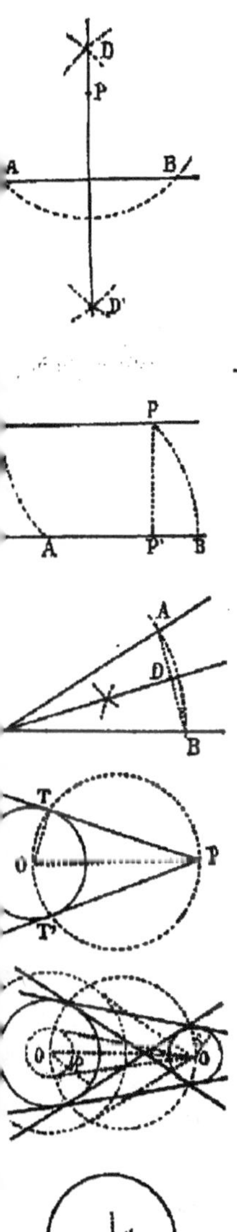

4° *Mener par un point une perpendiculaire à une droite*. — Que le point P soit ou non sur la droite, la construction est la même. Au moyen d'un arc de cercle décrit de P comme centre, on détermine sur la droite deux points A et B, également distants de P. La perpendiculaire au milieu de AB passera par P. Pour obtenir deux points de cette perpendiculaire, on trace de A et B comme centres avec des rayons > que la moitié de AB, des arcs de cercle qui se rencontrent en deux points D et D' situés à égale distance de A et de B et par conséquent qui appartiennent à la perpendiculaire au milieu de AB. La même construction détermine le milieu d'une droite et la perpendiculaire au milieu de cette droite. — La règle et l'équerre peuvent être employées pour résoudre le problème.

5° *Mener d'un point une parallèle à une ligne droite donnée*. — On peut abaisser du point une perpendiculaire sur la droite donnée et mener du point une perpendiculaire sur cette perpendiculaire. On peut aussi résoudre la question par des arcs de cercle. Du point P on décrit un arc qui rencontre en A la droite donnée ; du point A, avec le même rayon, on décrit un arc qui passe en P et rencontre en B la droite donnée. Si on prend AC = PB, il n'y a plus qu'à joindre PC. La règle et l'équerre sont plus habituellement usitées. On peut aussi se servir du rapporteur.

6° *Diviser un angle ou un arc en deux parties égales*. — On mène du sommet la perpendiculaire sur la corde.

7° *Par un point extérieur, mener une tangente à un cercle*. — L'angle P T O est droit, il est donc inscrit dans une 1/2 circonférence. On joint O P. Sur O P comme diamètre on décrit une circonférence dont la rencontre avec la première donne le point T. Deux solutions symétriques.

8° *Mener une tangente commune à deux circonférences*. — La tangente commune est parallèle à la tangente menée du centre du cercle O' à la circonférence décrite du centre du cercle O avec un rayon égal à la somme ou à la différence des rayons des cercles O et O'. On décrit donc une circonférence ayant O O comme diamètre et on prend le point de rencontre avec les circonférences décrites de O comme centre avec R + r ou R — r pour rayon. Quatre solutions symétriques deux à deux.

9° *Sur une droite A B, décrire un segment capable d'un angle donné*. — La ligne A T, faisant avec A B l'angle donné, est tangente au cercle à trouver. Le centre est donc sur la perpendiculaire à A T en A. Il est aussi sur la perpendiculaire au milieu de A B ; il se trouve à leur point de rencontre.

8° Lignes proportionnelles.

Une *proportion* est l'égalité de deux rapports.

Partager une ligne déterminée A B en *parties proportionnelles* à deux nombres donnés, c'est la diviser en deux segments A C, B C, tel que le rapport de leurs longueurs $\dfrac{A C}{B C}$, soit égal au rapport des deux nombres donnés.

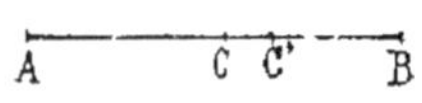

On ne peut diviser la ligne limitée A B en parties proportionnelles à deux nombres donnés, que d'une seule manière. S'il y avait un second point C', on aurait : $\dfrac{A C}{C B} = \dfrac{A C'}{C' B} = \dfrac{m}{n}$

et encore : $\dfrac{A C + C B}{A C} = \dfrac{A C' + C' B}{A C'} = \dfrac{m + n}{n}$ ou $\dfrac{A B}{A C} = \dfrac{A B}{A C'}$, c'est-à-dire A C = A C'.

Sur une ligne non limitée, il y a un second point D, tel que $\dfrac{D A}{D B} = \dfrac{C A}{C B} = \dfrac{m}{n}$.

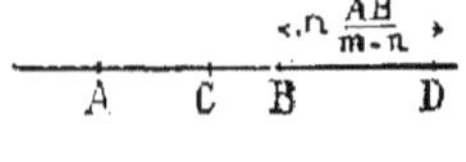

Si on partage en effet A B en $m - n$ parties égales et si on prend au delà de B n de ces parties, $D B = n \dfrac{A B}{m - n}$.

$$D A = n \frac{A B}{m - n} + A B = \frac{m. A B}{m - n},$$

$$\text{d'où } \frac{D A}{D B} = \frac{m. A B}{m - n} : n \frac{A B}{m - n} = \frac{m}{n} = \frac{C A}{C B}.$$

Les deux points C et D sont dits *conjugués*.

Partager deux lignes en *parties proportionnelles*, c'est les diviser en segments tels que leurs rapports soient respectivement égaux : $\dfrac{A B}{E F} = \dfrac{B C}{F G} = \dfrac{C D}{G H}$.

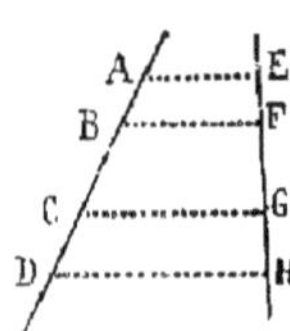

Toute ligne droite parallèle à l'un des côtés d'un triangle, divise les deux autres côtés en parties proportionnelles.

Si D E est parallèle à B C, $\dfrac{A D}{D B} = \dfrac{A E}{E C}$.

Si $\dfrac{A D}{D B}$ égale, par exemple, $\dfrac{3}{2}$, l'unité de longueur sera contenue 3 fois dans A D et 2 fois dans D B. Soient F G H les points de division, A F = F G = G D = D H = H B.

Les parallèles menées par les points de division, déterminent sur le côté A C un même nombre de segments, égaux entre eux, puisque ce sont les côtés de parallélogrammes dont les côtés opposés sont égaux : A K = F I = K N = G O = N E, etc. car A F K = F G I, etc.

$$A K = K N = N E, \text{ etc., ou } \frac{A E}{E C} = \frac{A D}{D B}.$$

Inversement, une ligne qui divise les deux côtés d'un triangle en parties proportionnelles est parallèle au troisième côté.

Si $\dfrac{A\,D}{D\,B} = \dfrac{A\,E}{E\,C}$, D E est parallèle à B C. — Si D E n'est pas parallèle, on pourra mener par D une parallèle à B C. Elle divisera A C en parties proportionnelles à A D et à D B et par conséquent elle passera au point E et se confondra avec D E, puisqu'il n'y a qu'une manière de diviser la ligne limitée A C en parties proportionnelles à deux nombres donnés.

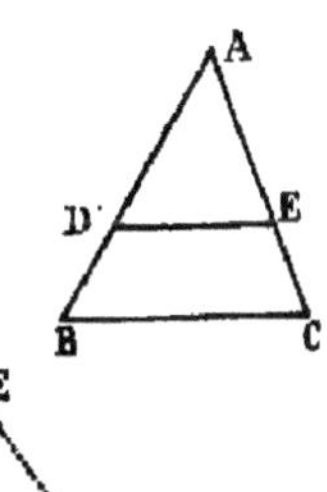

La bissextrice d'un angle d'un triangle divise le côté opposé en deux parties proportionnelles aux deux côtés adjacents.

Soit A D la bissextrice de l'angle A, $\dfrac{B\,D}{D\,C} = \dfrac{A\,B}{A\,C}$.

Si, en effet, on mène par B, B E parallèle à la bisextrice A D, le triangle A B E est isocèle et, comme A D partage en parties proportionnelles les deux côtés du triangle C B E,

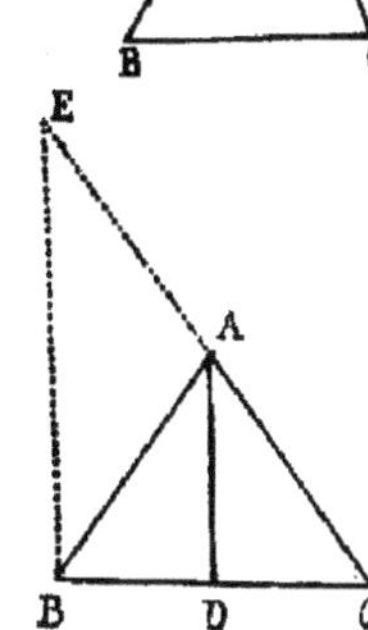

$$\dfrac{A\,E}{A\,C} = \dfrac{B\,D}{D\,C} = \dfrac{A\,B}{A\,C}.$$

La réciproque est évidente, car il n'y a qu'une manière de diviser B C en parties proportionnelles à deux nombres donnés.

Par une démonstration analogue, s'il s'agissait de l'angle extérieur, on démontrerait que $\dfrac{D'\,B}{D'\,C} = \dfrac{A\,B}{A\,C}$, car

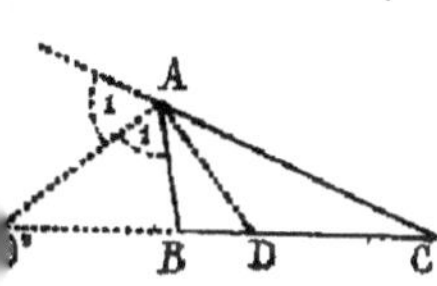

$$\dfrac{D'\,B}{D'\,C} = \dfrac{A\,E}{A\,C} = \dfrac{A\,B}{A\,C}, \text{ puisque A B E est isocèle.}$$

En un mot, la bisextrice d'un angle d'un triangle et celle d'un angle adjacent divisent le côté opposé en parties proportionnelles aux deux autres côtés. Les deux points de rencontre sont *conjugués.*

Le lien géométrique des points dont la distance à deux points donnés A et B serait proportionnelle à deux lignes données M et N est un cercle.

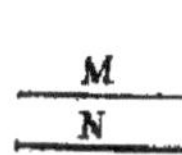

Soient la droite A B et D D' les deux points conjugués tels que :

$$\dfrac{D\,A}{D\,B} = \dfrac{D'\,A}{D'\,B} = \dfrac{M}{N}.$$

Soit C un point extérieur jouissant de la même propriété.

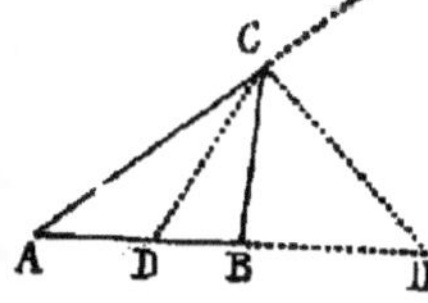

$$\dfrac{C\,A}{C\,B} = \dfrac{D\,A}{D\,B} = \dfrac{D'\,A}{D'\,B} = \dfrac{M}{N}$$

Le côté A B du triangle A C B est partagé par C D et C D' en parties proportionnelles aux deux autres côtés, donc C D et C D' sont les bissextrices des deux angles supplémentaires A C B, B C E. Leur somme, qui est la moitié de deux droits = 90°, donc D C D' est inscrit dans une 1/2 circonférence. C appartient au cercle décrit sur D D' comme diamètre.

9° Similitude

Deux polygones sont dits *semblables* quand ils ont leurs angles égaux et les côtés homologues proportionnels. Le rapport constant des côtés homologues est le rapport de similitude.

Des polygones égaux sont superposables, les polygones semblables ne le sont pas.

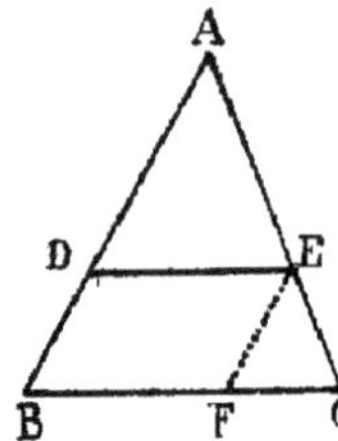

En coupant un triangle par une parallèle à l'un de ses côtés, on détermine un deuxième triangle semblable au premier.

Les angles sont égaux comme commun et correspondants D E étant parallèle à B C, on a $\dfrac{A\,D}{A\,B} = \dfrac{A\,E}{A\,C}$,

Mais si l'on mène E F parallèle à A B, on a aussi :

$$\frac{A\,E}{A\,C} = \frac{B\,F}{B\,C} = \frac{D\,E}{B\,C}, \text{ donc } \frac{A\,D}{A\,B} = \frac{A\,E}{A\,C} = \frac{D\,C}{B\,E}$$

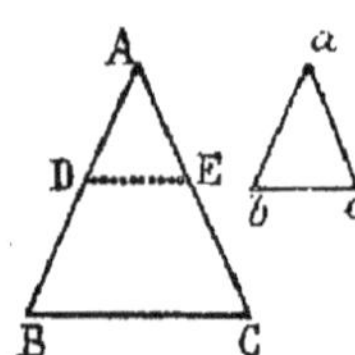

Deux triangles sont semblables quand ils ont :

1° *Les angles égaux chacun à chacun.* — Car l'on peut dans le plus grand des triangles faire un triangle égal au plus petit en menant une parallèle à la base à une distance convenable du sommet. Ce troisième triangle est semblable au plus grand.

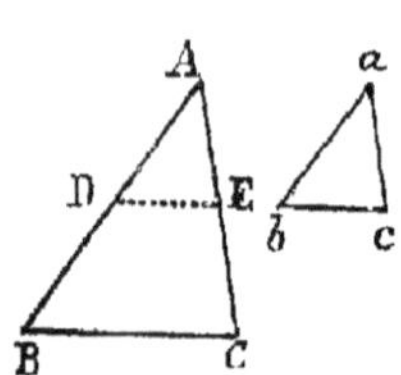

2° *Un angle égal compris entre deux côtés proportionnels,* car si l'on prend sur A B une longueur A D = $a\,b$ et si l'on mène D E parallèle à la base B C, on a $\dfrac{a\,b}{a\,c} = \dfrac{A\,B}{A\,C} = \dfrac{A\,D}{A\,E}$. Et comme $a\,b =$ A D. A E $= a\,c$. Le triangle A D E est donc égal au triangle $a\,b\,c$ et semblable au triangle A B C.

3° *Les côtés proportionnels.* — La démonstration est encore la même, on construit un triangle intermédiaire semblable au plus grand des triangles et dont l'un des côtés est égal à l'un des côtés du plus petit; de l'égalité des rapports on déduit l'égalité des petits triangles et par suite la similitude.

4° *Leurs côtés parallèles ou perpendiculaires chacun à chacun,* puisqu'alors les angles sont égaux.

Des lignes droites issues d'un même point interceptent des parties proportionnelles sur 2 lignes droites parallèles et réciproquement. — On a en effet des groupes de triangles semblables deux à deux qui ont successivement un côté commun ; d'où l'on déduit :

$$\frac{EF}{AB} = \frac{PF}{PB} = \frac{FG}{BC} \text{, etc.}$$

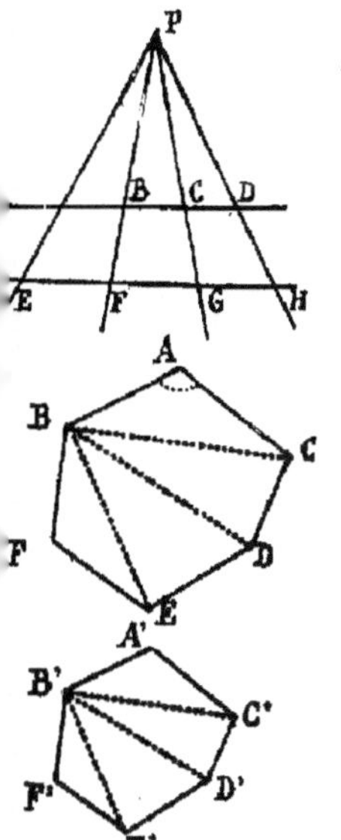

Deux polygones semblables peuvent être décomposés en un même nombre de triangles semblables chacun à chacun et semblablement placés. — En menant les diagonales, les triangles A B C et A′ B′ C′ sont semblables, car ils ont un angle égal compris entre côtés proportionnels, et, de cette similitude, on déduit celle des autres triangles.

Réciproquement, si les polygones sont composés d'un même nombre de triangles semblables et semblablement placés, les côtés homologues sont proportionnels, puisque les triangles ont successivement un côté commun, les angles sont égaux et, par conséquent, les polygones sont semblables.

Le rapport des périmètres de 2 polygones semblables est égal au rapport de similitude. — Car si on a :

$$\frac{AB}{A'B'} = \frac{BC}{B'C'} = \frac{CD}{C'D'} = \frac{DE}{D'E'} \text{, etc.}$$

on en déduit :

$$\frac{AB + BC + CD + DE \text{, etc.}}{A'B' + B'C' + C'D' + D'E' \text{, etc.}} = \frac{AB}{A'B'}$$

10° Relations entre les côtés
d'un triangle rectangle

Dans un triangle rectangle :

1° — *Le carré de l'hypoténuse est égal à la somme des carrés construits sur les deux autres côtés.*

2° — *Un côté de l'angle droit est moyen proportionnel entre l'hypoténuse entière et le segment adjacent déterminé sur l'hypoténuse par la perpendiculaire abaissée du sommet de l'angle droit.*

3° — *La perpendiculaire abaissée du sommet de l'angle droit sur l'hypoténuse est moyenne proportionnelle entre les deux segments qu'elle détermine sur l'hypoténuse.*

Soit le triangle A B C, rectangle en A :

$$1° \quad BC^2 = AB^2 + AC^2$$

$$2° \begin{cases} AB^2 = BC \times BD \\ \overline{AC}^2 = BC \times CD \end{cases}$$

$$3° \quad \overline{AD}^2 = BD \times CD$$

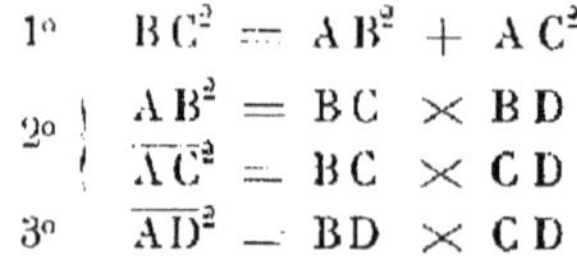

La première propriété se démontre directement. On construit les carrés sur l'hypoténuse et les deux côtés de l'angle droit. La perpendiculaire A D sur l'hypoténuse divise le carré construit sur B C en deux parallélogrammes B D E F, C D E G, égaux chacun aux carrés construits sur les côtés de l'angle droit.

Le parallélogramme BD E F est en effet double du triangle A B F, car il a même base et même hauteur. Le carré sur A B, A B M N, est pour la même raison le double du triangle M B C ; mais les deux triangles sont égaux comme ayant un angle égal compris entre côtés égaux.

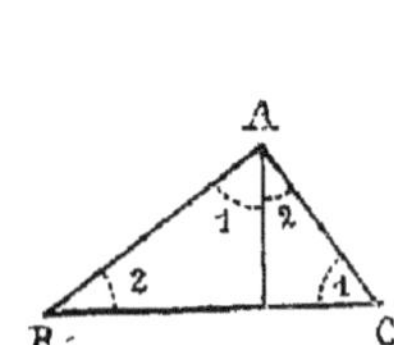

Les deux autres propriétés se démontrent par des similitudes de triangles.

Les triangles rectangles A B C, A B D sont semblables, puisque leurs 3 angles sont égaux.

$$\frac{AB}{BC} = \frac{BD}{AB} \text{ ou } \overline{AB}^2 = BC \times BD.$$

Les deux triangles rectangles A BD, ADC sont aussi semblables pour la même raison.

On a donc $\dfrac{AD}{DC} = \dfrac{BD}{AD}$ ou $\overline{AD}^2 = BC \times BD.$

La première propriété, le carré de l'hypoténuse, peut se déduire de la seconde.

En effet
$$\overline{AB}^2 = BC \times BD.$$
$$\overline{AC}^2 = BC \times DC.$$

Si on fait la somme, on a :

$$\overline{AB}^2 + \overline{AC}^2 = BC\,(BD + DC) = BC \times BC = \overline{BC}^2.$$

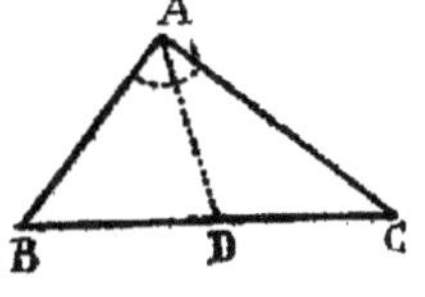

Le milieu de l'hypoténuse est à égale distance des trois sommets. Puisque l'angle A, opposé à l'hypoténuse est droit, il est inscrit dans une 1/2 circonférence dont B C est le diamètre et le point O, milieu de B C, le centre.

Si, au lieu d'un triangle rectangle, on considère un triangle quelconque, *le carré d'un côté est égal à la somme des carrés des deux autres, augmentée ou diminuée du double produit de l'un de ces côtés par la projection de l'autre sur le premier,* suivant que le côté dont on évalue le carré est opposé à un angle obtus ou à un angle aigu.

Si l'angle opposé est aigu :

$$\overline{AB}^2 = \overline{AD}^2 + \overline{BD}^2 = \overline{AC}^2 - \overline{DC}^2 + (BC - DC)^2$$
$$= \overline{AC}^2 - \overline{DC}^2 + \overline{BC}^2 + \overline{DC}^2 - 2\,BC + DC.$$

Si l'angle opposé est obtus :

$$\overline{AB}^2 = \overline{AD}^2 + \overline{DB}^2 = \overline{AC}^2 - \overline{DC}^2 + (BC + DC)^2$$
$$= \overline{AC}^2 - \overline{DC}^2 + \overline{BC}^2 + \overline{DC}^2 + 2\,BC \times BD.$$

11° Propriétés en ce qui concerne le cercle
des sécantes issues d'un même point

Quand deux sécantes se coupent à l'intérieur d'un cercle, le produit des deux segments déterminés sur chaque sécante est constant.

Soient les sécantes AB, CD qui se coupent au point P, les triangles APC, PBD sont semblables puisqu'ils ont les angles égaux.

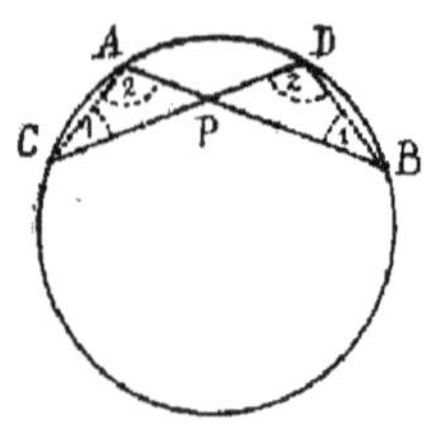

$$\frac{PC}{PB} = \frac{AP}{PD} \quad \text{ou} \quad AP \times PB = PC \times PD.$$

Quand deux sécantes se coupent à l'extérieur d'un cercle, le produit de chaque sécante par sa partie extérieure est constant.

Soient les sécantes PBA, PDC, les triangles PAD, PCB sont semblables parce qu'ils ont leurs angles égaux.

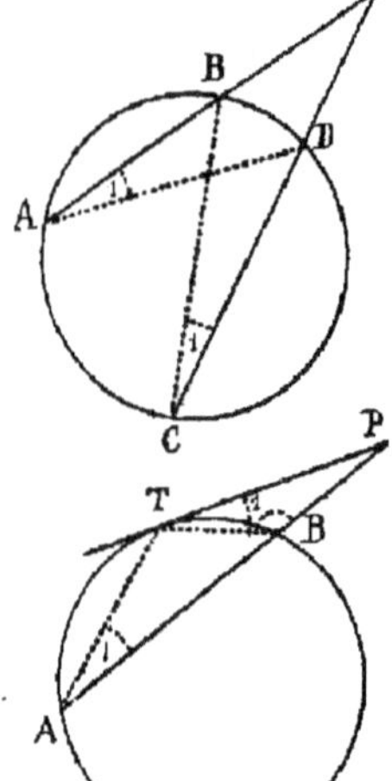

On a $\dfrac{PA}{PC} = \dfrac{PD}{PB}$ ou $PA \times PB = PC \times PD.$

Si par un point extérieur on mène une tangente et une sécante, la tangente est moyenne proportionnelle entre la sécante entière et sa partie extérieure.

La tangente n'est, en effet, qu'une sécante dont les points d'intersection sont confondus en un seul et la constance du produit donne :

$$\overline{PT}^2 = PA \times PB.$$

On peut, du reste, le démontrer directement par la similitude des triangles PTA, PTB, on a $\dfrac{PT}{PB} = \dfrac{PA}{PT}$ ou $\overline{PT}^2 = PA \times PB.$

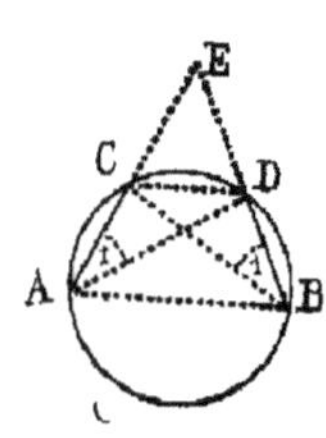

Lorsqu'en prolongeant deux lignes droites AD, BC, elles se coupent en un point E tel que $AE \times DE = BE \times CE$, les extrémités ABCD sont sur une même circonférence.

De l'égalité $AE \times DE = DE \times CE$, on déduit en effet $\dfrac{AE}{BE} = \dfrac{CE}{DE}.$

Les triangles A C E, B D E ont un angle commun E et les côtés homologues proportionnels ; ils sont semblables ; leurs angles sont égaux, donc l'angle A = l'angle B et si on décrit sur C D un segment capable de l'angle A, la circonférence passera aussi en B.

12° Constructions géométriques. — Quatrième proportionnelle et moyenne proportionnelle.

Diviser une droite en parties égales ou en parties proportionnelles à des longueurs données.

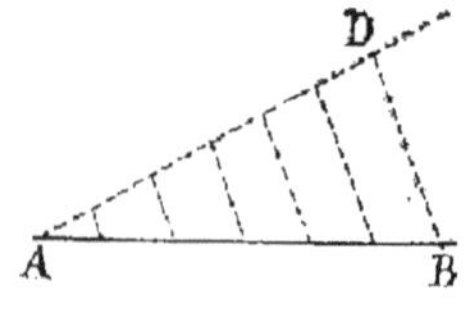

Par l'une des extrémités A de la droite, on mène une ligne quelconque, à partir du point A, on prend sur cette ligne soit des longueurs égales, soit des longueurs égales aux longueurs données, on joint l'autre extrémité B de la ligne au dernier point de division D et par les autres points de division on mène des parallèles à B D. On forme en effet des triangles semblables et la droite A B se trouve divisée proportionnellement à la droite qui a servi pour la construction.

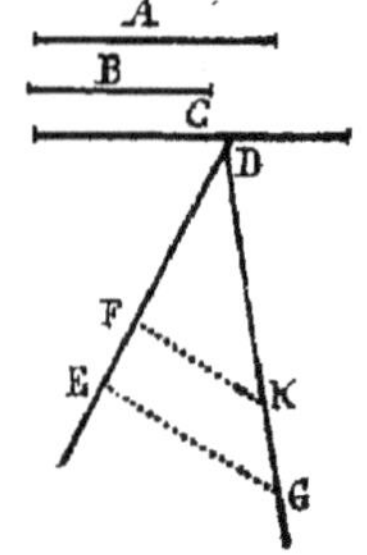

Construire la quatrième proportionnelle à trois droites données A B C.

Sur l'un des côtés d'un angle on porte des longueurs D E et D F égales aux longueurs données A et B, sur l'autre côté une longueur D G = à C, on joint G E et par F on mène une parallèle. D K est la quatrième proportionnelle.

Les triangles D G E, D K F sont, en effet, semblables et l'on a $\dfrac{D\,E}{D\,F} = \dfrac{D\,G}{D\,K}$ ou $\dfrac{A}{B} = \dfrac{C}{D\,K}$.

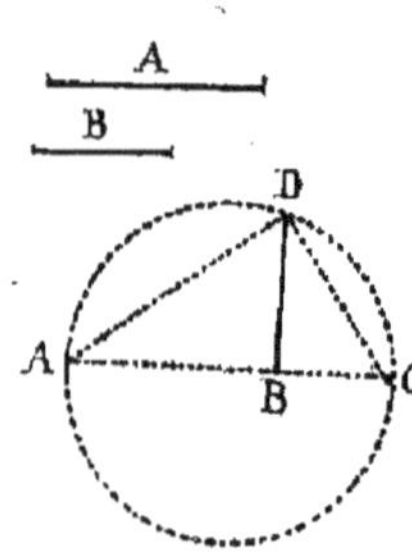

Construire une moyenne proportionnelle entre deux lignes.

La solution est basée sur une des propriétés du triangle rectangle.

Sur une ligne quelconque, à partir du point A, on prend successivement deux longueurs A B, B C, égales aux longueurs données. Sur A C comme diamètre, on décrit une circonférence et on mène B D perpendiculaire à A C.

L'angle A D C est droit et la perpendiculaire B D est moyenne proportionnelle entre les deux segments de l'hypoténuse.

Diviser une droite en moyenne et extrême raison.

Soit une droite A B. Avec un rayon égal à la moitié de A B, on décrit une circonférence tangente à A B en B, on mène A C, on prend A F = A E. Le point F divise A B en moyenne et extrême raison.

On a, en effet :

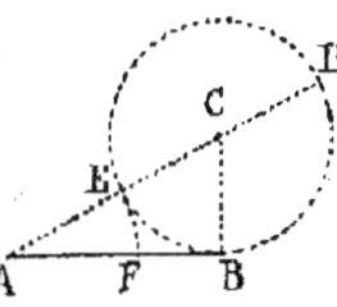

$$A D \times A E = A \overline{B}^2 \text{ ou } \frac{A D}{A B} = \frac{A B}{A E}$$

ou encore : $\dfrac{A D - A B}{A B} = \dfrac{A B - A E}{A E}$

et comme $A B = E D$, $A E = A F$ $\left\{ \begin{array}{l} A D - A B = A E = A F. \\ A B - A E = A B - A F = F B. \end{array} \right.$

donc $\dfrac{A F}{A B} = \dfrac{F B}{A F}$ ou $A \overline{E}^2 = A F \times A B$.

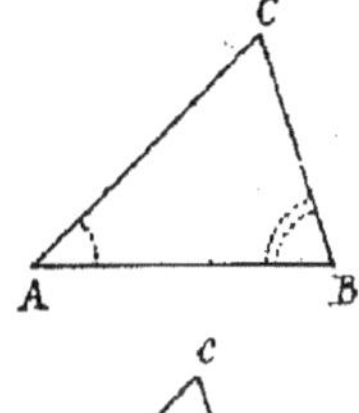

Construire sur a b un triangle semblable au triangle A B C.

Si $a b$ est homologue de A B, il suffit de faire en a et b des angles égaux à A et à B.

Le triangle $a b c$ est semblable au triangle A B C.

Si, au lieu d'un triangle, il s'agissait d'un polygone, on décomposerait ce polygone en triangles et on opérerait par triangles semblables successifs.

13° Polygones réguliers. — Carré.
Hexagone. Triangle équilatéral.

Un polygone est *régulier* lorsqu'il a ses côtés égaux et ses angles égaux.

Tout polygone régulier peut être inscrit dans une circonférence et circonscrit à une circonférence.

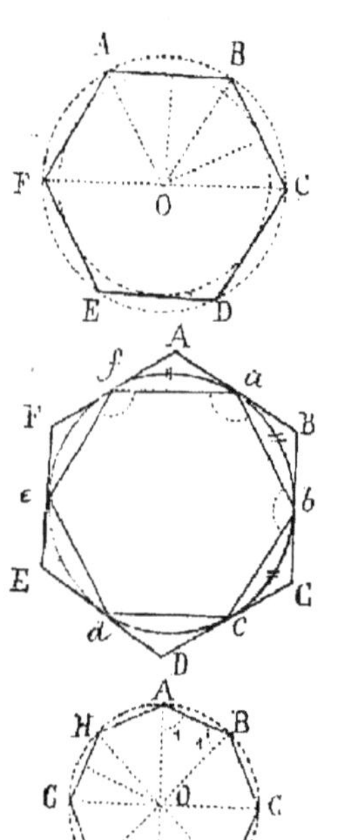

Si, en effet, on élève des perpendiculaires sur les milieux de deux côtés consécutifs, leur point de rencontre O se trouve à égale distance de tous les milieux des côtés et de tous les sommets, car les triangles rectangles obtenus en joignant le point O aux milieux des côtés et aux sommets sont successivement égaux deux à deux. O est donc le centre d'une circonférence inscrite et d'une circonférence circonscrite.

Si l'on partage une circonférence en parties égales, on obtient des polygones réguliers en joignant les points de division ou en menant des tangentes aux points de division, car les côtés des polygones ainsi formés sont égaux comme cordes égales ou comme tangentes égales et les angles sont égaux parce qu'ils ont mêmes mesures.

Deux polygones réguliers composés d'un même nombre de côtés sont semblables.

Si on joint, en effet, les centres des circonférences inscrites ou circonscrites aux différents sommets, on forme des triangles qui ont leurs angles égaux et qui, par conséquent, sont semblables. Les polygones le sont donc aussi.

De cette similitude, on déduit que le rapport des périmètres est le même que celui des côtés, des rayons et des apothèmes.

Une circonférence peut être considérée comme un polygone régulier d'un nombre infini de côtés et, par conséquent, deux circonférences sont entre elles comme leurs rayons.

Carré. — Le carré est un polygone régulier de quatre côtés.

Pour inscrire un carré dans un cercle, on mène deux dia-mètres rectangulaires A C, B D et l'on joint leurs extrémités.

Le carré se compose de quatre triangles rectangles égaux et isocèles. Chaque côté du carré est l'hypoténuse de l'un de ces triangles rectangles. Le côté de l'angle droit est le rayon de la circonférence circonscrite. On a :

$$C^2 = R^2 + R^2 = 2\,R^2 . \; - C = R\,\sqrt{2.} \; - \frac{C}{R} = \sqrt{2.}$$

Hexagone régulier. — L'hexagone régulier est le polygone régulier de six côtés. Le côté de l'hexagone régulier est égal au rayon de la circonférence circonscrite, car si on considère le triangle A O B dans lequel A B serait le côté de l'hexagone, la somme des trois angles est égale à 180°, l'angle en O est égal à

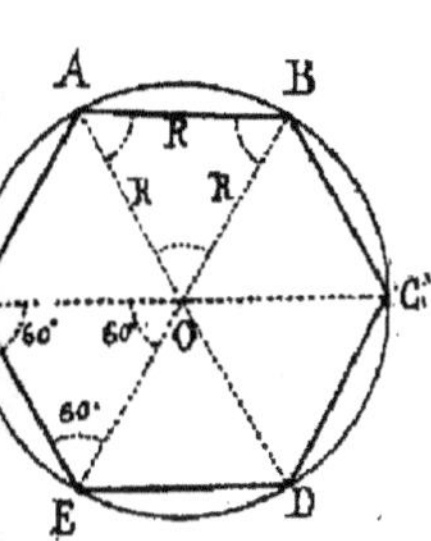

$\dfrac{360°}{6} = 60°$ et comme les angles en A et B sont égaux, puisque

le triangle est isocèle, chacun d'eux est égal à

$$\frac{180° - 60°}{2} = \frac{120°}{2} = 60°.$$

Le triangle A O B est donc équilatéral, A B = R.

Pour inscrire un hexagone régulier dans une circonférence, il faut donc porter six fois le rayon à partir d'un point de la circonférence. On doit revenir au même point.

Triangle équilatéral. — C'est le polygone régulier de trois côtés. On l'obtient en joignant de deux en deux les sommets de l'hexagone régulier inscrit.

A C E est un triangle équilatéral inscrit.

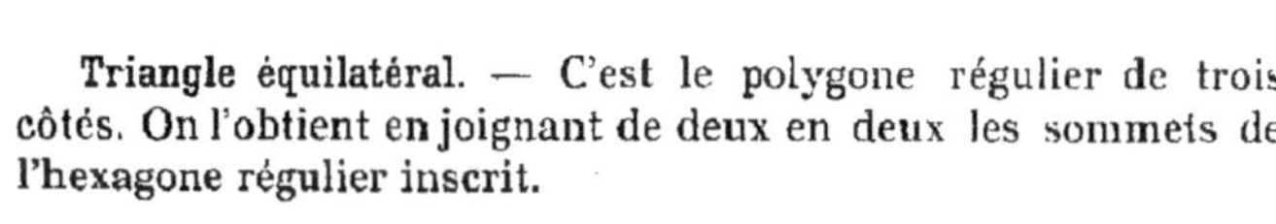

$$A\,C = 2\,A\,I = 2\sqrt{R^2 - \frac{R^2}{4}} = 2\sqrt{\frac{3\,R^2}{4}} = R\sqrt{3}.$$

$$\frac{A\,C}{R} = \sqrt{3}.$$

14° Mesure des aires. — Rectangle. — Parallélogramme. — Triangle. — Trapèze.

Deux rectangles de même base sont entre eux comme les hauteurs.

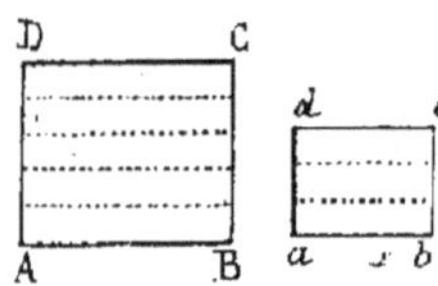

Si le rapport des hauteurs est, par exemple de $\dfrac{5}{3}$, cela veut dire que la hauteur de l'un des rectangles peut être divisée en cinq parties égales à l'unité de mesure et celle de l'autre en trois. Si par les points de division, on mène des parallèles aux bases, les deux rectangles se trouvent décomposés : le premier en cinq, le deuxième en trois rectangles égaux, comme superposables. Le rapport des surfaces est donc égal aussi à $\dfrac{5}{3}$.

On démontrerait de la même façon que *deux rectangles qui ont même hauteur sont entre eux comme leurs bases.*

Deux rectangles sont entre eux comme les produits de leurs bases par leurs hauteurs.

Soient deux rectangles R et R′, $b\,h$ les dimensions de l'un, $b'\,h'$ les dimensions de l'autre.

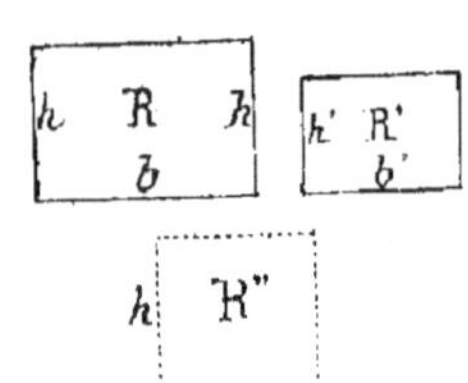

Si on construit un rectangle R″, ayant b' pour base et h pour hauteur, on aura :

$$\frac{R}{R''} = \frac{b}{b'} \qquad \frac{R''}{R'} = \frac{h}{h'}, \text{ et en multipliant :}$$

$$\frac{R\,R''}{R''\,R'} = \frac{b\,h}{b'\,h'} = \frac{R}{R'}.$$

L'aire d'un rectangle est égale au produit de sa base par sa hauteur, car si l'on prend pour unité de surface le carré qui a 1 mètre de côté, on a :

$$\frac{R}{1} = \frac{b \times h}{1 \times 1} \text{ ou } R = b\,h.$$

Parallélogramme. -- *L'aire d'un parallélogramme A B C D est égale au produit de sa base par sa hauteur.*

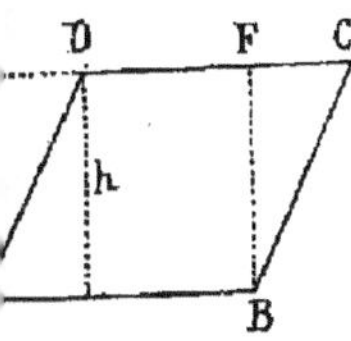

Si on abaisse en effet des perpendiculaires des extrémités A et B sur le côté parallèle C D, on forme deux triangles rectangles A E D, B F C qui sont égaux.

Si, à la figure commune A B F D, on ajoute le triangle F B C, on a le parallélogramme.

Si, au contraire, on ajoute l'autre triangle A E D, on a le rectangle.

Donc, le rectangle équivaut au parallélogramme et la surface a pour valeur $A B \times$ par la hauteur h.

Triangle. -- *L'aire d'un triangle est égale à la moitié du produit de la base par la hauteur.*

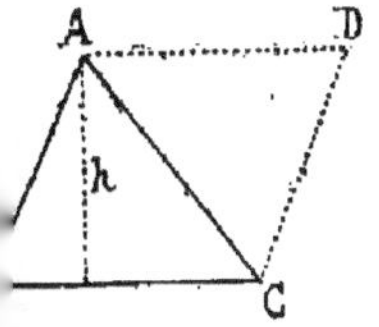

Soit le triangle A B C. En menant par A et par C des parallèles aux côtés opposés, on forme un parallélogramme A B C D qui est le double du triangle puisque les triangles A B C et A C D sont égaux. La surface du triangle est donc égale à $\dfrac{B C \times h}{2}$.

Trapèze. -- *L'aire d'un trapèze est égale au produit de la hauteur par la 1/2 somme des bases.*

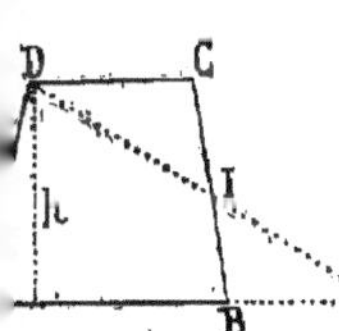

Soit le trapèze A B C D, si on prolonge A B d'une longueur B E égale C D et si on joint D E, le triangle A D E a pour surface $A E \times \dfrac{h}{2}$ ou $\dfrac{B + b}{2} \times h$, mais ce triangle est égal au trapèze, puisque les triangles D C I, B E I sont égaux.

15° Rapport des aires de deux polygones semblables.

Les aires de deux triangles semblables sont proportionnelles aux carrés de leurs côtés homologues.

Soient les triangles semblables A B C, A' B' C'.

En abaissant des sommets C et C' des perpendiculaires sur les côtés opposés A B, A' B', on décompose chaque triangle en deux triangles rectangles qui sont semblables deux à deux comme ayant leurs angles égaux.

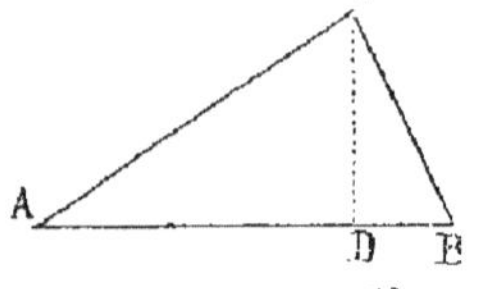

On a :
$$\frac{C\,D}{C'\,D'} = \frac{A\,C}{A'\,C'}.$$

On a aussi, puisque les triangles sont semblables :
$$\frac{A\,B}{A'\,B'} = \frac{A\,C}{A'\,C'}.$$

Et en multipliant membre à membre :
$$\frac{A\,B \times C\,D}{A'\,B' \times C'\,D'} = \frac{2\,S}{2\,S'} = \frac{S}{S'} = \frac{\overline{A\,C}^2}{\overline{A'\,C}^2}$$

Les aires de deux polygones semblables sont proportionnelles aux carrés de leurs côtés homologues.

Soient les polygones A B C D E et A' B' C' D' E'.

En menant les diagonales A B, A D, A' B', A' D', on décompose les deux polygones en triangles semblables, et l'on a :

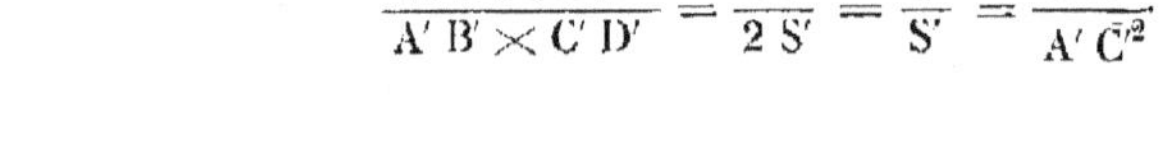

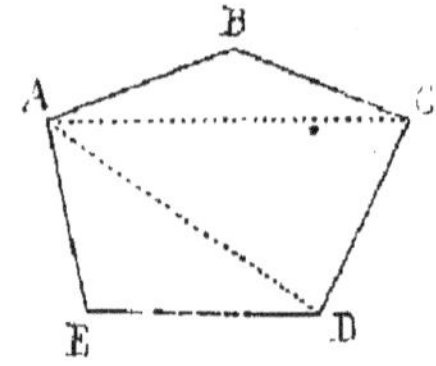

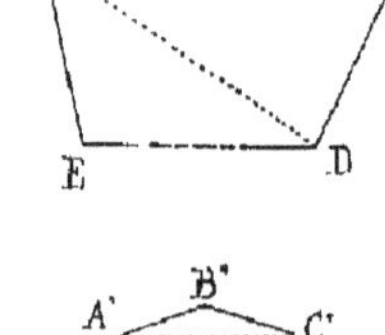

$$\frac{S.\ A\,B\,C}{S.\ A'\,B'\,C'} = \frac{\overline{A\,C}^2}{\overline{A'\,C'}^2} = \frac{\overline{A\,B}^2}{\overline{A'\,B'}^2}.$$

$$\frac{S.\ A\,C\,D}{S.\ A'\,C'\,D'} = \frac{\overline{A\,C}^2}{\overline{A'\,C'}^2} = \frac{\overline{A\,D}^2}{\overline{A'\,D'}^2}.$$

$$\frac{S.\ A\,D\,E}{S.\ A'\,D'\,E'} = \frac{\overline{A\,D}^2}{\overline{A'\,D'}^2} = \frac{\overline{A\,C}^2}{\overline{A'\,C'}^2}$$

Ce qui donne :

$$\frac{S.\,ABC + S.\,ACD + S.\,ADE}{S.\,A'B'C' + S.\,A'C'D' + S.\,A'D'E'} = \frac{\overline{A\,C}^2}{\overline{A'\,C'}^2} = \frac{\overline{A\,B}^2}{\overline{A'\,B'}^2}.$$

$$\frac{S.\,ABCDE}{S.\,A'B'C'D'E'} = \frac{\overline{A\,B}^2}{\overline{A'\,B'}^2}.$$

16° — Rapport de la circonférence au diamètre. — Aire du cercle.

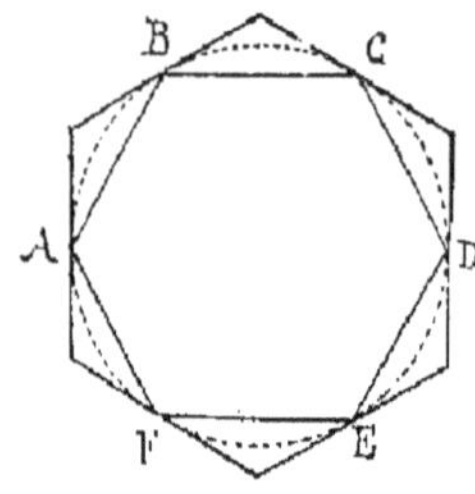

La *circonférence* est la limite vers laquelle tendent le périmètre d'un polygone régulier inscrit et celui d'un polygone régulier circonscrit lorsqu'on augmente indéfiniment le nombre des côtés.

Quand on double le nombre des côtés d'un polygone régulier inscrit, on a un polygone extérieur par rapport au premier, et toujours compris dans le cercle, puisqu'il est formé de cordes.

Quand il s'agit, au contraire, d'un polygone régulier circonscrit, on a un polygone intérieur par rapport au premier et toujours extérieur au cercle, puisqu'il est composé de tangentes.

Les périmètres tendent ainsi vers une limite qui est la circonférence.

On peut donc considérer la circonférence comme un polygone régulier d'un nombre infini de côtés, pour lequel le rayon et l'apothème ont la même valeur.

Puisque deux polygones réguliers d'un même nombre de côtés sont semblables et puisque les périmètres sont entre eux comme les rayons et les apothèmes, deux circonférences sont entre elles comme leurs rayons.

Soient deux circonférences de rayons R, R', on aura :

$$\frac{\text{Circ. R}}{\text{Circ. R}'} = \frac{R}{R'} = \frac{2\,R}{2\,R'}, \text{ ou encore } \frac{\text{Circ. R}}{2\,R} = \frac{\text{Circ. R}'}{2\,R'} = \pi.$$

Le rapport de la circonférence au diamètre est constant. Il est représenté par la lettre π. Il a pour valeur 3,14159, etc. On déterminerait cette valeur en calculant le périmètre d'un polygone régulier inscrit d'un nombre de plus en plus grand de côtés.

Si $R = 1$, on a
$$\frac{\text{Circonf. de rayon 1}}{2} = \pi,$$

$$\text{ou } C_1 = 2\,\pi.$$

En comparant à la circonférence C_1 de rayon 1, une circonférence de rayon R, on a :

$$\frac{\text{Circ. R}}{C_1} = \frac{2\,R}{2} = R, \text{ ou Circ. } R = R \times C_1 = R \times 2\,\pi.$$

$$\text{ou Circ. } R = 2\,\pi\,R.$$

La longueur d'une circonférence s'obtient en multipliant le diamètre 2 R par π et inversement le diamètre s'obtient en divisant par π la longueur de la circonférence.

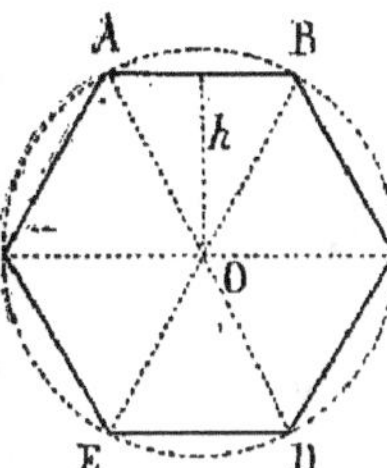

L'aire d'un polygone régulier convexe est égale au produit de son périmètre par la moitié de son apothème. Car si on joint les sommets au centre, on décompose le polygone en triangles égaux qui ont pour bases les côtés du polygone et pour hauteur commune l'apothème.

Comme conséquence, et puisque la circonférence est la limite vers laquelle tendent les polygones réguliers inscrits et circonscrits, l'aire du cercle est égale à la circonférence multipliée par la moitié du rayon.

$$S = \text{circ. } R \times \frac{R}{2} = 2\,\pi\,R \times \frac{R}{2} = \pi\,R^2.$$

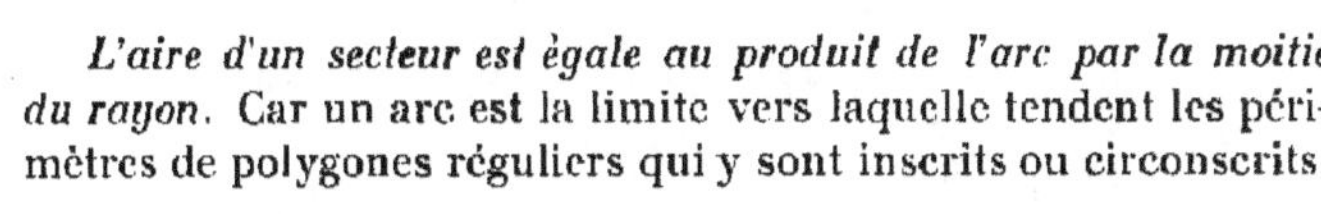

L'aire d'un secteur est égale au produit de l'arc par la moitié du rayon. Car un arc est la limite vers laquelle tendent les périmètres de polygones réguliers qui y sont inscrits ou circonscrits.

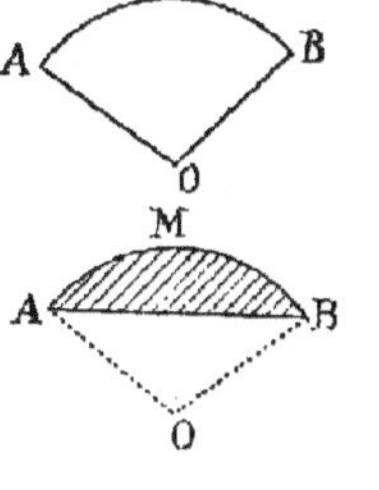

L'aire d'un segment s'obtient en retranchant de l'aire d'un secteur l'aire d'un triangle formé par les rayons et la corde.

S. seg. A M B = S. sect. A O B - Tr. A O B.

17° Perpendiculaires et obliques
à un plan

Une droite est *perpendiculaire* à un plan, quand elle est perpendiculaire à toutes les droites qui passent par son pied dans le plan. Dans le cas contraire, elle est *oblique* au plan.

Une droite A B est perpendiculaire à un plan M N lorsqu'elle est perpendiculaire à deux droites B C, B D qui passent par son pied dans le plan.

Il faut prouver que AB est aussi perpendiculaire à une droite quelconque BI.

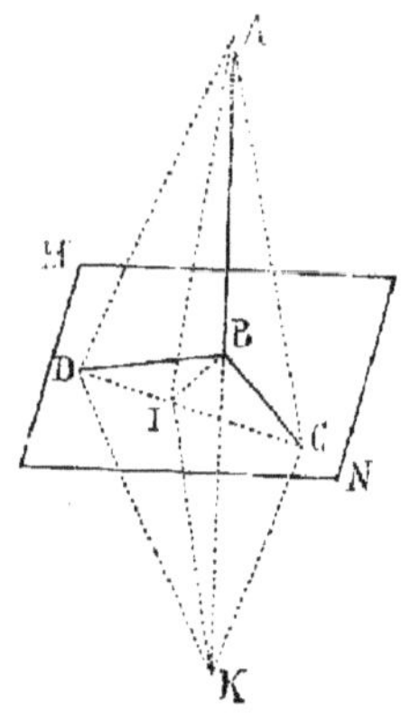

Si on mène la droite DIC et si on prolonge au delà du plan MN la ligne AB d'une longueur BK = à AB, les 2 triangles ADC, KDC sont égaux, puisqu'ils ont un côté commun et puisque les autres côtés sont deux à deux des obliques qui s'écartent également du pied des perpendiculaires CB, DB, l'angle ACD = l'angle KCD et les 2 triangles ACI, KCI ont un angle égal compris entre côtés égaux. Ils sont égaux, KI = AI. Puisque les obliques sont égales, la ligne BI est perpendiculaire sur le milieu de AK.

Par un point donné, on peut mener un plan perpendiculaire à une droite et on ne peut en mener qu'un.

Soient une droite AB et un point O pris sur la droite. Par le le point O, on peut, dans 2 plans différents, passant par AB, mener des perpendiculaires OC, OD à AB. Ces 2 droites déterminent un plan qui est perpendiculaire à AB, puisque cette ligne est perpendiculaire à 2 droites qui passent par son pied dans le plan DOC. Par le point O, on ne peut mener qu'un plan qui contienne les droites OD et OC.

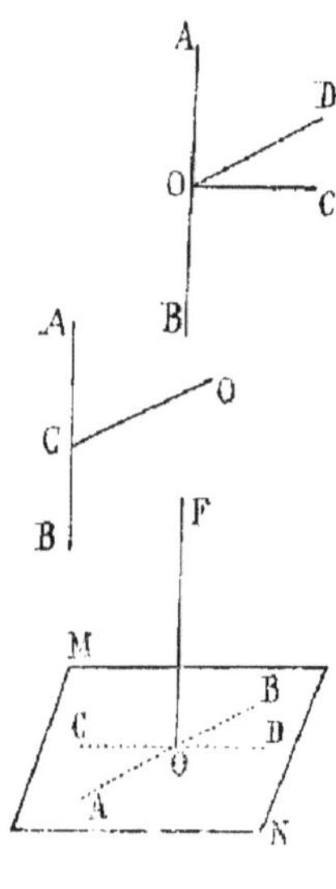

Si le point donné est en dehors de la droite, on en revient au cas précédent en menant du point donné O une perpendiculaire OC sur la ligne AB dans le plan ABO défini par le point et la ligne.

Par un point O, on peut mener une perpendiculaire sur un plan MN et on n'en peut mener qu'une.

Le point O est dans le plan. En menant par ce point une droite quelconque A B dans le plan M N, puis un plan perpendiculaire à A B et enfin dans ce second plan une perpendiculaire O F à l'intersection C D des deux plans, cette ligne O F sera perpendiculaire au plan MN. Elle est en effet perpendiculaire à CD par construction ; elle est aussi perpendiculaire à **AB**, puisque cette ligne est perpendiculaire à toutes les droites qui passent par son pied dans le plan CDF.

Toute ligne autre que OF ne serait pas perpendiculaire à CD ou à AB et par conséquent ne serait pas perpendiculaire au plan.

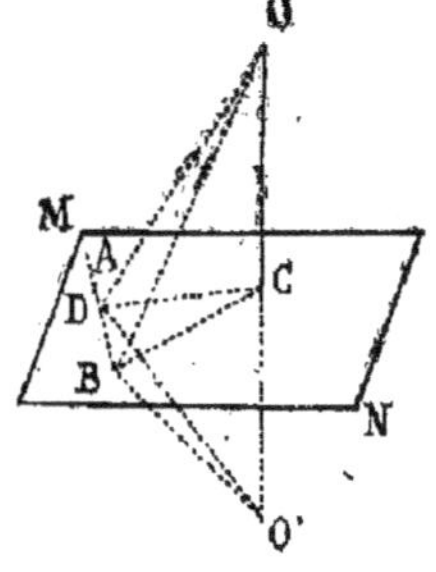

Le point O est en dehors du plan. En menant par ce point un plan perpendiculaire à une ligne quelconque AB du plan et une perpendiculaire OC à l'intersection CD, OC sera perpendiculaire au plan MN. En prolongeant, en effet, la ligne OC d'une longueur CO' égale à elle-même et en menant par C dans le plan MN une ligne CB quelconque, les triangles rectangles en D, BDO, BDO' sont égaux, puisque les obliques DO et DO' sont égales, donc OB = BO' et CB est aussi perpendiculaire à OC qui est perpendiculaire à 2 lignes du plan MN.

Toute autre ligne OB, par exemple, ne serait pas perpendiculaire au plan, puisque l'angle en C du triangle OBC étant droit, l'angle en B est forcément aigu.

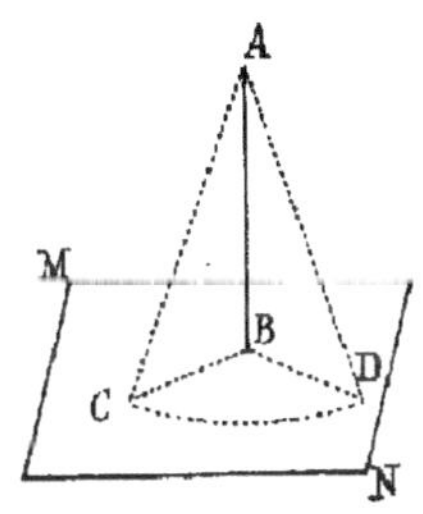

La perpendiculaire menée d'un point extérieur à un plan est plus courte que toute oblique. Deux obliques qui s'écartent également du pied de la perpendiculaire sont égales ; de deux obliques, celle qui s'écarte le plus est la plus grande.

Ces propriétés sont les conséquences directes des propriétés analogues établies dans la géométrie plane, car on peut toujours en arriver à ne considérer que des figures dans un même plan en remplaçant les lignes considérées par des lignes égales : AC = AD si BC = BD.

Si du pied O d'une perpendiculaire à un plan, on abaisse une perpendiculaire O A sur une droite quelconque du plan, et si on joint le pied de cette perpendiculaire à un point quelconque de la perpendiculaire au plan, la ligne ainsi tracée sera perpendiculaire à la droite du plan.

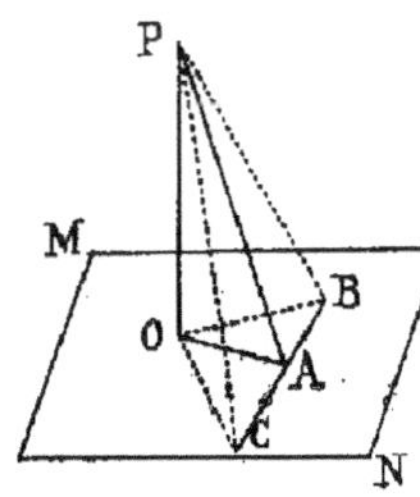

Ce théorème est connu sous le nom du *théorème des 3 perpendiculaires*. Pour le démontrer, il suffit de prendre des longueurs égales AB, AC, de part et d'autre du point A sur la ligne du plan : les obliques OB, OC sont égales, puisqu'elles s'écartent également du pied de la perpendiculaire, les triangles rectangles POB, POC sont donc égaux, leurs hypoténuses PB, PC sont égales, donc PA est perpendiculaire sur BC.

Le réciproque se démontrerait de la même façon.

18° Parallélisme des droites et des plans

Une ligne droite est *parallèle* à un plan lorsqu'elle ne peut le rencontrer, aussi loin qu'on la prolonge.

Deux plans sont *parallèles* s'ils ne peuvent se rencontrer quelque prolongés qu'ils soient.

Une droite parallèle à une autre droite située dans un plan, est parallèle au plan.

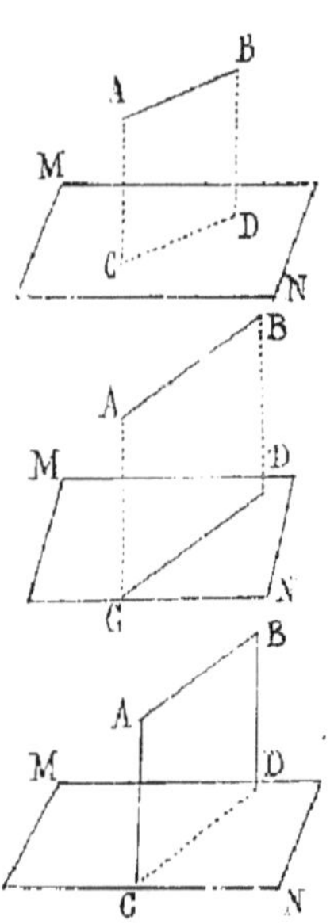

La droite donnée A B ne peut, en effet, rencontrer le plan, car elle devrait rencontrer l'intersection C D à laquelle elle est parallèle.

Quand une droite est parallèle à un plan, tout plan passant par cette droite coupe le plan suivant une parallèle à la droite.

La droite donnée et l'intersection sont, en effet, dans un même plan, le plan sécant, et ne peuvent se rencontrer puisque l'intersection est tout entière dans le plan donné et que la droite donnée ne le rencontre pas.

Les portions de deux lignes droites parallèles comprises entre une droite et un plan parallèle sont égales.

En effet, la droite donnée A B et les deux parallèles A C, B D. coupent les plans donnés suivant une ligne C D parallèle à A B ; la figure A B C D est donc un parallélogramme.

Deux plans perpendiculaires à une même droite sont parallèles. Car s'ils se rencontraient, on pourrait par un point de l'espace mener deux plans perpendiculaires à une même ligne, ce qui n'est pas possible.

Les intersections de deux plans parallèles par un troisième sont parallèles.

Les deux intersections sont, en effet, situées dans un même plan et ne peuvent se rencontrer, puisqu'elles se trouvent dans des plans parallèles.

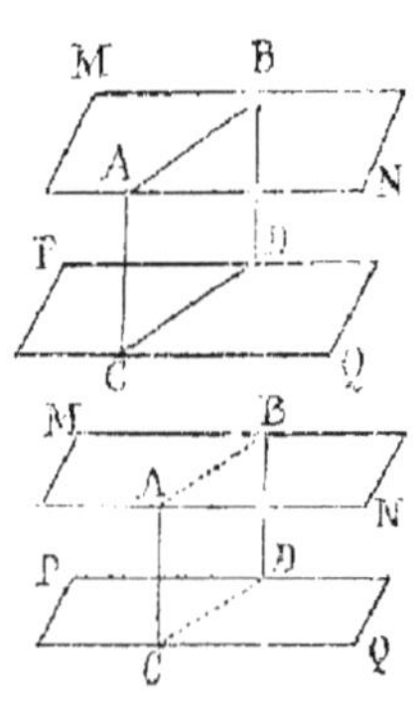

Les portions de deux lignes droites parallèles comprises entre deux plans parallèles sont égales.

Les deux intersections A B, C D sont en effet des parallèles, et la figure A B D C est un parallélogramme.

Trois plans parallèles interceptent des segments proportionnels sur deux lignes droites.

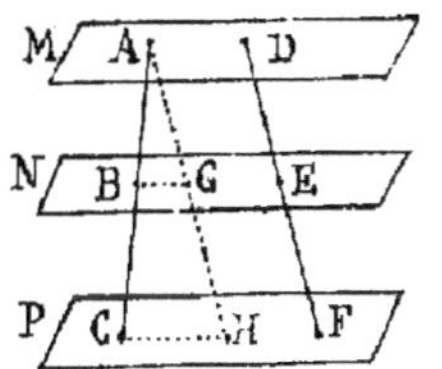

Soient les trois plans M, N, P : — A,B,C, D,E,F, les points d'intersection. Si par A on mène une parallèle à D F : $\dfrac{A\,G = D\,E.}{G\,H = E\,F.}$

Et comme B G est parallèle à C H, les triangles A B G, A C H sont semblables.

On a donc : $\dfrac{A\,B}{B\,C} = \dfrac{A\,G}{G\,H} = \dfrac{D\,E}{E\,F}$.

Si deux angles non situés dans le même plan ont leurs côtés parallèles, ils sont égaux ou supplémentaires, et leurs plans sont parallèles.

Soient les angles A et D dont les côtés sont parallèles et dirigés dans le même sens, ils sont égaux.

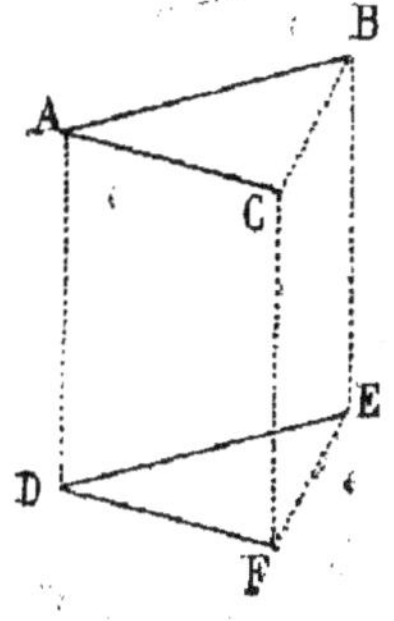

Si on prend, en effet $\dfrac{A\,B = D\,E.}{A\,C = D\,F.}$

A D E B est un parallélogramme.

A D F C est un parallélogramme.

Donc C B E F est aussi un parallélogramme.

C B = F E. Les deux triangles A B C, D E F sont égaux comme ayant les trois côtés égaux.

Donc l'angle A = l'angle D.

Les plans sont évidemment parallèles.

Si deux droites sont parallèles, tout plan perpendiculaire à l'une est perpendiculaire à l'autre.

Soient les droites A B, C D et le plan M N. La ligne A B est perpendiculaire à M N, donc elle est perpendiculaire à l'intersection B D, et C D, qui lui est parallèle, l'est aussi.

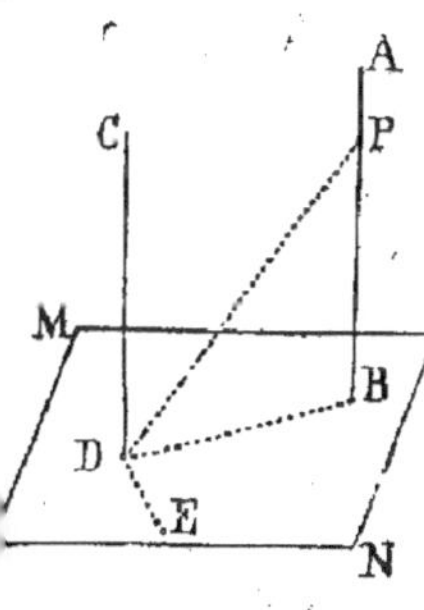

Si l'on mène D E perpendiculaire à B D et si l'on joint D à un point quelconque P de A B, D E, en vertu du théorème des trois perpendiculaires, est perpendiculaire à PD. — DE est donc perpendiculaire au plan C D A B; l'angle C D E est droit et par suite C D est perpendiculaire à deux droites D B et D E qui passent par son pied dans le plan M N.

Si deux plans sont parallèles, toute droite perpendiculaire à l'un est perpendiculaire à l'autre.

Soient M N, P Q, 2 plans parallèles, A B perpendiculaire à M N est perpendiculaire à P Q.

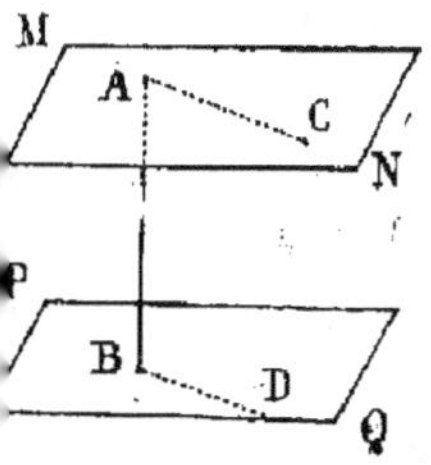

En effet, si on mène par A B un plan quelconque, il coupe M N et P Q suivant deux parallèles AC, BD. — AB est perpendiculaire à A C, et par suite à BD, qui est parallèle à A C.

Donc A B est perpendiculaire à une droite quelconque passant par son pied dons le plan P Q.

19° Angles dièdres

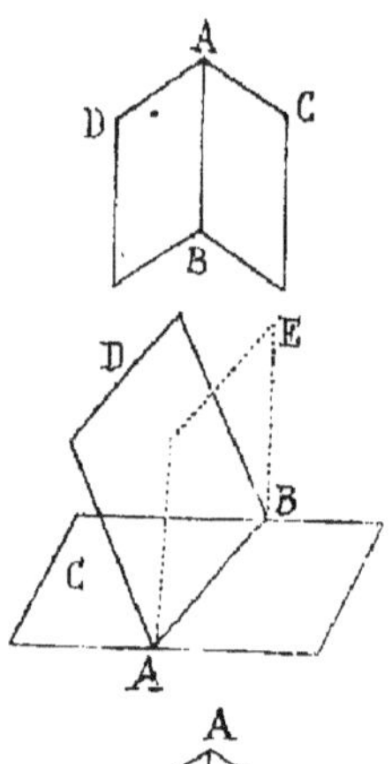

Deux plans passant par une même droite et limités à cette droite, forment un *angle dièdre*. La droite est l'*arête*, les plans sont les *faces*. *Exemple*: Un livre ouvert.

La grandeur d'un angle dièdre dépend de l'écartement des faces.

Deux angles dièdres sont adjacents lorsqu'ils ont la même arête, une face commune et qu'ils sont placés des deux côtés de cette face commune.

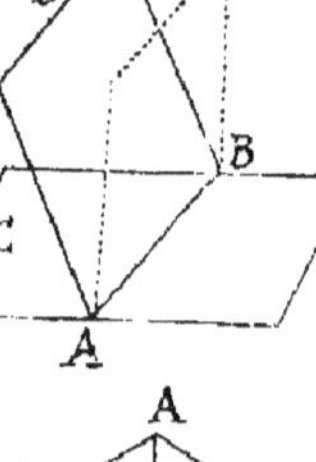

Si les faces non communes sont dans le même plan, les angles dièdres sont supplémentaires. Si les plans des faces sont perpendiculaires, les angles dièdres sont droits.

L'étude des angles dièdres se ramène à celle des angles plans, par la considération de *l'angle plan correspondant à un dièdre*.

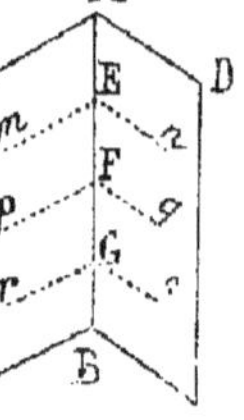

Tous les plans perpendiculaires à l'arête d'un dièdre déterminent par leur intersection avec les faces des angles égaux.

Tous les angles d'intersection ont, en effet, leurs côtés parallèles deux à deux, puisque les plans perpendiculaires à l'arête sont parallèles entre eux.

L'angle plan correspondant à un angle dièdre est l'angle, de valeur constante, ainsi formé par un plan perpendiculaire à l'intersection.

Si les angles plans sont égaux, les dièdres sont égaux, et inversement; car dans les deux cas, il y a superposition possible, ce qui justifie la proposition.

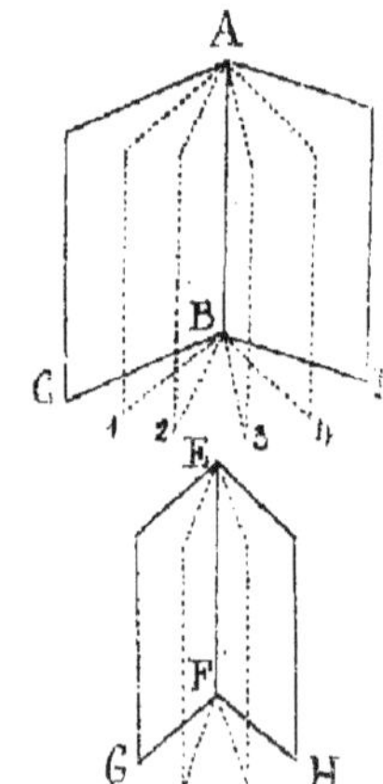

Le rapport de deux angles dièdres est égal à celui des angles plans correspondant.

Si le rapport des angles plans est en effet celui de 5 à 3, par exemple, cela prouve qu'il y a une commune mesure comprise 5 fois dans l'un des angles et 3 fois dans l'autre.

A ces communes mesures correspondent des dièdres égaux, donc les dièdres peuvent être décomposés l'un en 5, l'autre en 3 dièdres, tous égaux entre eux.

Comme conséquence, tout angle dièdre a pour mesure l'angle plan correspondant.

Deux plans qui se coupent forment 4 angles dièdres adjacents deux à deux. Les angles adjacents sont supplémentaires et les angles opposés par l'arête sont égaux.

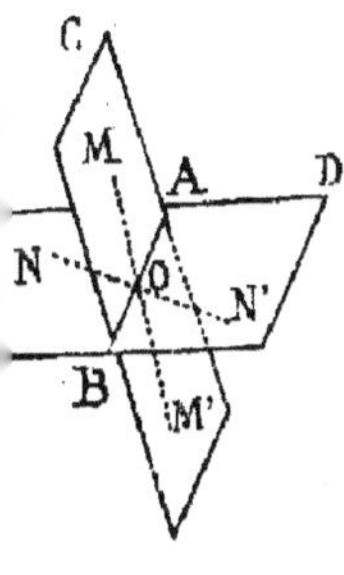

Il suffit, en effet, de mener un plan perpendiculaire à l'arête commune pour avoir des angles plans correspondants qui peuvent être substitués aux angles dièdres et auxquels les propriétés énoncées s'appliquent.

La ligne de plus grande pente d'un plan est la perpendiculaire abaissée d'un point du plan sur une horizontale du plan.

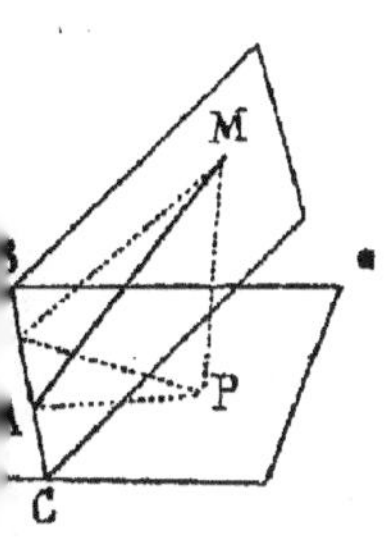

Soit M A perpendiculaire sur l'horizontale B C et M D une ligne quelconque ; les pentes des lignes M A, M D, ont pour expression :

$$\frac{MP}{PA} \qquad \frac{MP}{PD}.$$

Et comme l'oblique P D est $>$ P A,

$$\frac{MP}{PA} \text{ est } > \frac{MP}{PD}.$$

20° Plans Perpendiculaires

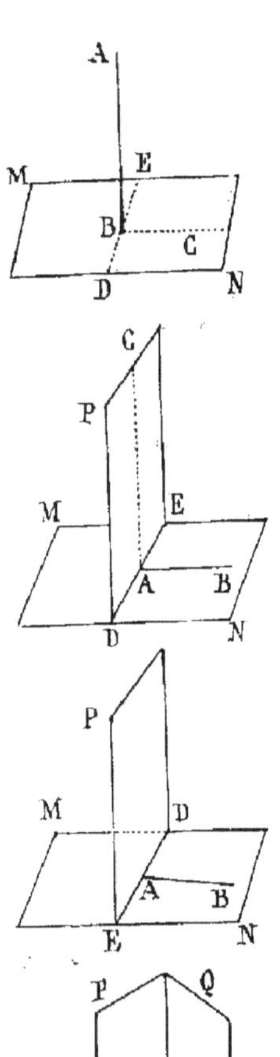

Deux plans sont dits *perpendiculaires entre eux* lorsque les angles plans, correspondant aux dièdres qu'ils forment, sont droits.

Quant une droite A B est perpendiculaire à un plan M N, tout plan mené par cette droite est perpendiculaire au plan donné.

A B est, en effet, perpendiculaire à toute droite passant par son pied dans le plan M N ; donc quel que soit le plan mené par AB, l'angle plan ABC correspondant au dièdre formé sera droit.

Qnand deux plans sont perpendiculaires entre eux, toute ligne menée dans l'un, perpendiculairement à l'intersection, est perpendiculaire à l'autre.

La ligne A B menée dans le plan M N, perpendiculairement à l'intersection D E, est aussi perpendiculaire à la droite A C menée dans le plan P perpendiculairement à E D, puisque les deux plans sont perpendiculaires entre eux. A B est donc perpendiculaire à deux droites passant par son pied dans le plan P.

Quand deux plans sont perpendiculaires entre eux, toute ligne A B menée perpendiculairement à l'un d'eux par un point A de l'intersection, est située dans l'autre.

La perpendiculaire à D E, menée par A dans le plan M N, est comme A B, perpendiculaire au plan P. Les deux lignes se confondent donc puisque par un point on ne peut mener qu'une perdendiculaire à un plan.

Si deux plans qui se coupent sont perpendiculaires à un troisième plan, leur intersection est perpendiculaire au même plan.

Soient P et Q, deux plans perpendiculaires au plan M N, A le point de rencontre de leurs intersections avec ce plan. La perpendiculaire au plan M N, menée par le point A, doit être comprise à la fois dans le plan P et dans le plan Q ; elle se confond donc avec leur intersection.

La projection d'une ligne droite sur un plan est une ligne droite.

Les lignes qui servent à projeter les différents points de la droite sont toutes, en effet, perpendiculaires au plan ; ce sont des lignes parallèles, situées dans un même plan, qui est dit le « plan projetant de la droite. »

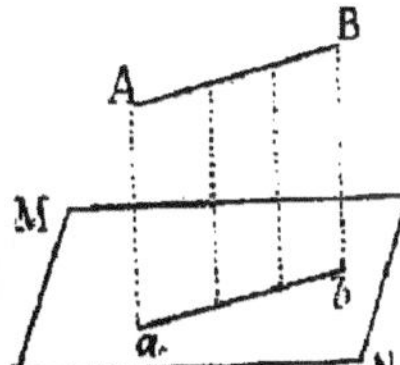

L'intersection des deux plans, qui est une ligne droite, est la projection cherchée.

L'angle que fait une droite avec sa projection sur un plan est le plus petit des angles que peut faire cette droite avec une ligne quelconque menée par son pied dans le plan.

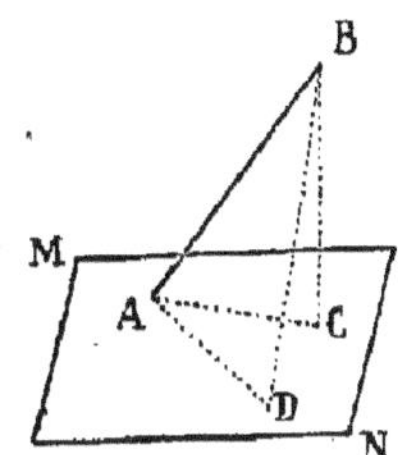

Soit la droite A B et A C sa projection sur le plan M N, l'angle B A C est < que l'angle quelconque B A D.

Si on prend, en effet, A D = A C et si l'on joint B à C et à D, les triangles B A C, B A D ont le côté B A commun et A C = A D. L'oblique B D est > que la perpendiculaire B C, et au plus grand côté B D est opposé un plus grand angle.

21° Notions sur les angles trièdres et les angles polyèdres

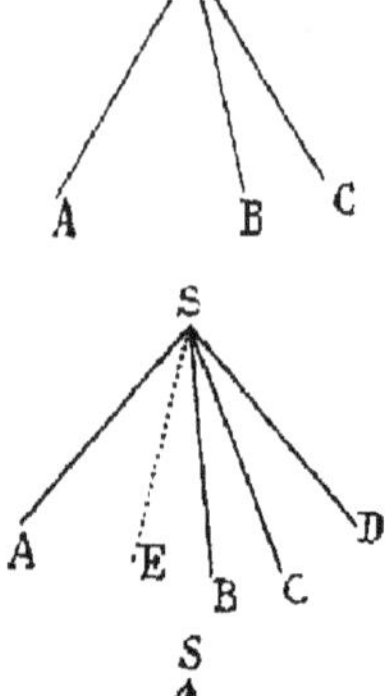

L'*angle trièdre* est la figure formée par trois plans passant par un même point et limités à leurs intersections.

Le point commun S est le sommet; les intersections S A, S B S C, les arêtes et les angles A S B, B S C, C S A les faces.

Un angle trièdre peut être rectangle, bi-rectangle ou tri-rectangle, suivant qu'il a un dièdre, deux dièdres ou trois dièdres droits.

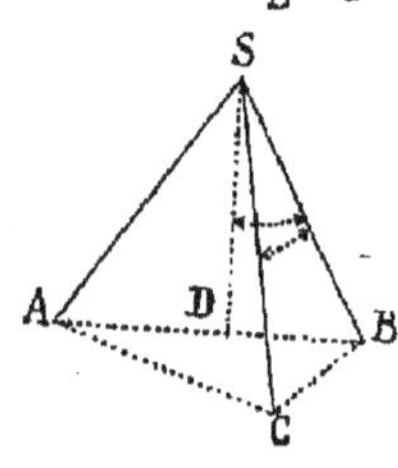

S'il y a plus de trois plans passant par un point, la figure est un angle polyèdre.

Un *angle polyèdre* est convexe s'il se trouve entièrement situé du même côté, par rapport à une face quelconque supposée prolongée indéfiniment. Si non, l'angle est concave.

Dans un trièdre, une face est moindre que la somme des deux autres.

Soit A S B la plus grande face.

A S B est $<$ que A S C $+$ B S C.

Si on fait avec SB, dans le plan ASB, un angle B S D $=$ BSC, et si on prend S C $-$ S D, les triangles B S D et B S C sont égaux. B D $-$ B C, et comme A B est $<$ que A C $+$ B C, A D est $<$ A C. Les deux triangles A S D, A S C ont donc deux côtés égaux et un côté inégal. Au plus petit côté A D est opposé le plus petit angle, donc A S D est $<$ A S C et A S D $+$ D S B ou A S B est $<$ A S C $+$ B S C.

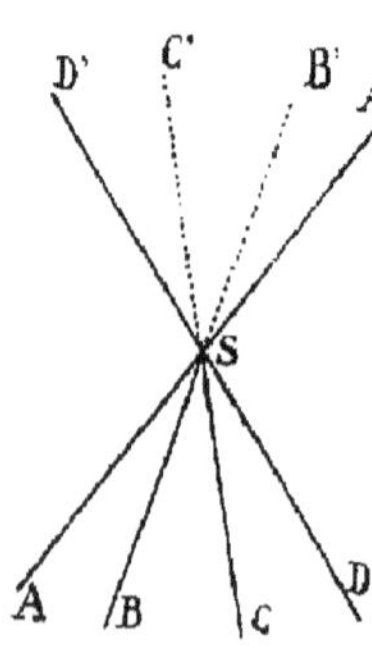

Deux angles trièdres ou polyèdres opposés par le sommet sont dits « symétriques par rapport au sommet »; ils ont tous leurs éléments égaux chacun à chacun, mais, en général, ils ne sont pas superposables.

Les faces et les dièdres sont égaux deux à deux comme opposés par le sommet.

Pour faire la superposition, il faudrait détacher l'un des angles polyèdres et le retourner sur lui-même; mais, alors, la disposition de deux faces par rapport à une même arête est inverse dans l'une des figures par rapport à l'autre.

C S D, par exemple, est à gauche de S D, tandis que C′ S D′ est à droite de S D′.

La superposition ne serait possible que si les faces adjacentes à une même arête, étaient égales.

Dans un angle polyèdre convexe, la somme des faces est plus petite que 4 angles droits.

Soit l'angle polyèdre S A B C D E, A B C D E étant une section plane de cet angle.

Si l'on prend un point O à l'intérieur du polygone A B C D E et si l'on joint ce point aux sommets du polygone, on a 2 séries composées d'un même nombre de triangles ayant les uns leur sommet en S, les autres leur sommet en O.

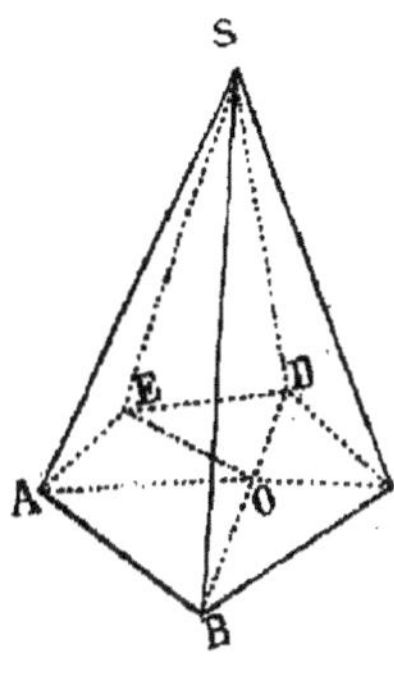

Pour les 2 séries, la somme totale des angles est la même. Si on considère successivement les trièdres ayant pour sommets A, B, C, D, E, on a : A B C ou A B O + C B O < A B S + C B S B C D ou B C O + D C O < B C S + D C S, etc.

Ce qui prouve, en totalisant, que la somme des angles à la base des triangles qui ont leur sommet en O est < que la somme des angles à la base des triangles qui ont leur sommet en S ; mais la somme totale des angles est la même de part et d'autre, donc la somme des angles en S est < la somme des angles en O, qui est égale à 4 droits.

22° Polyèdres

Un *polyèdre* est un volume limité en tout sens par des plans.

On distingue dans un polyèdre les faces, dont l'ensemble constitue la surface, les arêtes, les angles et les sommets.

Un polyèdre est défini par le nombre de faces : tétraèdre, 4 ; hexaèdre, 6 ; octaèdre, 8 ; dodécaèdre, 12 ; isocaèdre, 20.

Quand les angles sont égaux et que les faces sont des polygones réguliers égaux, le polyèdre est régulier.

Un polyèdre est convexe, quand il est situé tout entier d'un même côté par rapport à l'une quelconque de ses faces supposée prolongée indéfiniment. Si non, il est concave.

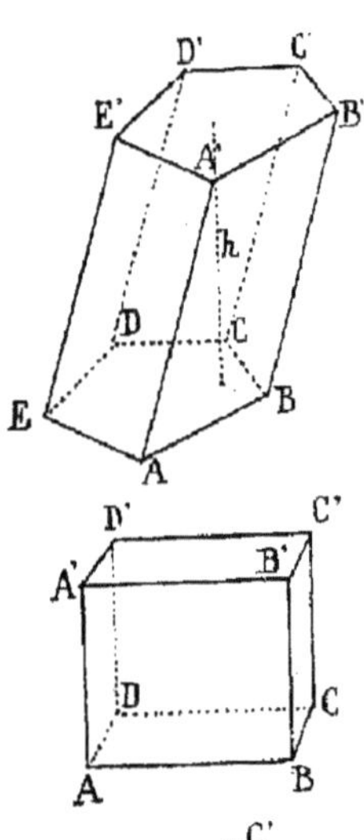

Les polyèdres les plus connus sont le prisme et la pyramide.

Prisme. — Le *prisme* est un polyèdre qui a 2 faces égales et parallèles réunies par des parallélogrammes. La hauteur est la distance entre les bases.

Un prisme est triangulaire, quadrangulaire, pentagonal, etc., suivant la nature de la base.

Si les plans des faces sont perpendiculaires aux bases, le prisme est droit ; si non, il est oblique.

Un *parallélipipède* est un prisme dont les bases sont des parallélogrammes. Si les bases sont des rectangles, le parallélipipède est dit rectangle.

Le *cube* est un parallélipipède dont toutes les faces sont des carrés égaux.

En coupant un prisme par un plan non parallèle aux bases, on le partage en 2 troncs de prisme A B C D E F, A' B' C' D E F.

Tout prisme oblique est équivalent à un prisme droit ayant pour hauteur une des arêtes latérales et pour base la section droite, c'est-à-dire la section faite par un plan perpendiculaire aux arêtes latérales.

Soit le prisme A B C D E, F G H K L, et soient A B' C' D' E', F G' H' K' L', les sections droites en A et F.

Les volumes A B' C' D' E' B C D E et F G' H' K' L' G H K L sont égaux comme superposables.

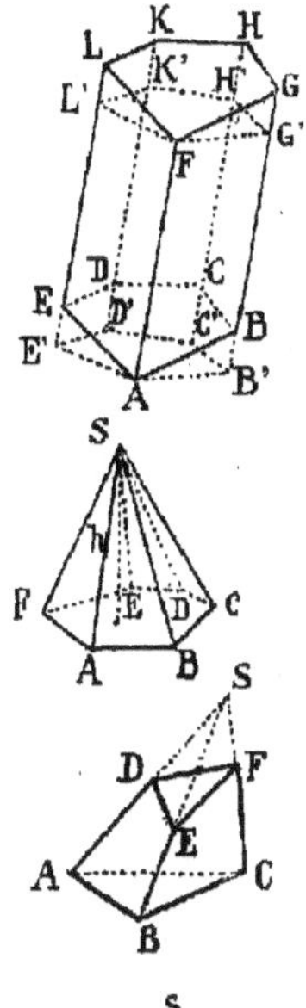

Si du volume total on retranche le volume A B′C′D′E′ BCDE, on a le prisme primitif.

Si, au contraire, on retranche le volume égal FG′H′K′L′ GHKL, on a le prisme droit.

Donc les deux prismes sont équivalents.

Pyramide. — La *pyramide* est un polyèdre dont l'une des faces, la base, est un polygone quelconque, et dont les autres faces sont des triangles ayant pour bases les divers côtés du polygone et pour sommet un même point de l'espace. La hauteur est la distance du sommet à la base.

Une pyramide est triangulaire, quadrangulaire, pentagonale, etc., suivant la nature de la base.

Le *tronc de pyramide* est le volume compris entre la base et la section faite par un plan qui rencontre toutes les faces latérales. ABC DEF est un tronc de pyramide.

Tout plan parallèle à la base d'une pyramide divise les arêtes et la hauteur en parties proportionnelles, et les sections obtenues sont proportionnelles au carré de la distance au sommet.

Les triangles ASB, aSb, BSC, bSc...., ASH, aSh, BSH, $bS'h$, etc., sont en effet semblables deux à deux et l'on a :

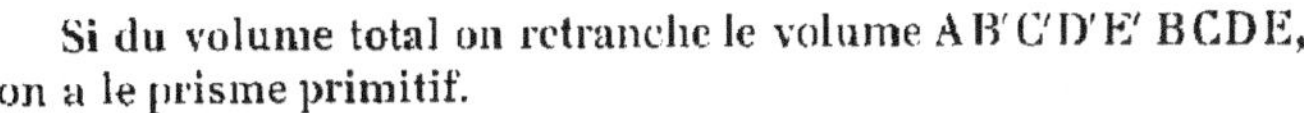

$$\frac{SA}{Sa} = \frac{SH}{Sk} = \frac{SB}{Sb} = \frac{SH}{Sh} = \frac{SC}{Sc} = \frac{SH}{Sh} = \ldots\ldots$$

Les sections sont toutes semblables à la base, et l'on a :

$$\frac{ABCDE}{abcde} = \frac{\overline{AB}^2}{\overline{ab}^2} = \frac{\overline{SA}^2}{\overline{Sa}^2} = \frac{\overline{SH}^2}{\overline{Sh}^2}.$$

De ce qui précède, il résulte que si deux pyramides ont la même hauteur, les sections parallèles aux bases faites à la même distance des bases sont proportionnelles aux bases.

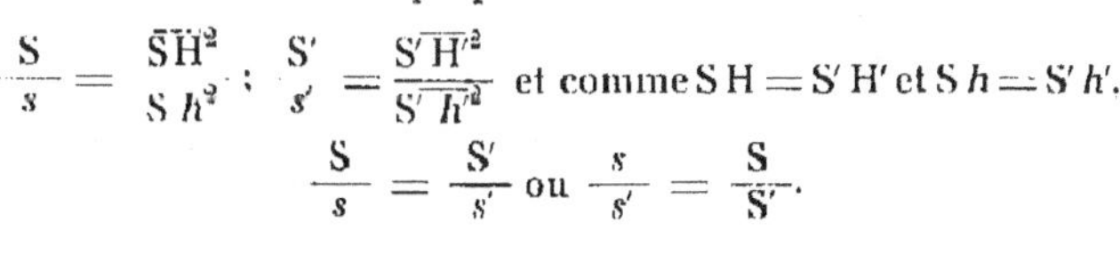

$$\frac{S}{s} = \frac{\overline{SH}^2}{Sh^2} \; ; \; \frac{S'}{s'} = \frac{\overline{S'H'}^2}{\overline{S'h'}^2} \quad \text{et comme } SH = S'H' \text{ et } Sh = S'h'.$$

$$\frac{S}{s} = \frac{S'}{s'} \quad \text{ou} \quad \frac{s}{s'} = \frac{S}{S'}.$$

23° Mesure des volumes

On détermine d'abord le volume du parallélipipède rectangle en démontrant :

Que deux parallélipipèdes rectangles de même base sont entre eux comme les hauteurs ;

Que deux parallélipipèdes rectangles de même hauteur sont entre eux comme les bases ;

Que deux parallélipipèdes rectangles quelconques sont entre eux comme le produit de leurs trois dimensions.

On en déduit que *le volume du parallélipipède rectangle est égal au produit de ses trois dimensions.*

On démontre ensuite qu'un parallélipipède droit et qu'un parallélipipède quelconque peuvent être remplacés par un parallélipipède rectangle équivalent ayant une base équivalente et même hauteur.

Le volume d'un parallélipipède quelconque est donc égal au produit de la base par la hauteur.

Du volume du parallélipipède, on déduit celui du prisme en prouvant que le prisme triangulaire est la moitié d'un parallélipipède de même hauteur et de base double. D'où il résulte que *le volume du prisme triangulaire est encore égal au produit de la base par la hauteur.*

Un prisme quelconque est décomposable en prismes triangulaires.

On démontre ensuite qu'une pyramide triangulaire est équivalente au tiers d'un prisme triangulaire de même base et de même hauteur. *Donc le volume a pour valeur le tiers de la base par la hauteur.* — La formule s'applique à une pyramide quelconque, puisqu'on peut la décomposer en pyramides triangulaires.

Les troncs de prisme et de pyramide sont décomposables en pyramides et par là on arrive à l'expression connue de leur volume, savoir :

Le volume d'un tronc de prisme triangulaire est égal à la somme des volumes de trois pyramides ayant pour base la base inférieure et pour sommets les trois sommets de la base supérieure :

Le volume d'un tronc de pyramide à bases parallèles est égal à la somme des volumes de trois pyramides ayant pour hauteur la hauteur du tronc, et pour bases la base supérieure, la base inférieure et une moyenne proportionnelle entre ces deux bases.

Le cylindre et le cône ne sont que la limite vers laquelle tendent un prisme et une pyramide, comme le cercle est la limite vers laquelle tend un polygone régulier.

Le volume d'un cylindre droit à base circulaire est égal au produit de la base par la hauteur, et le volume d'un cône droit à base circulaire est égal au tiers du produit de la base par la hauteur.

Pour déterminer le volume de la sphère qui est égal à $\dfrac{4}{3}$ de πR^3, c'est-à-dire à la surface $4 \pi R^2 \times \dfrac{1}{3}$ du rayon, on fait application des théorèmes relatifs au volume engendré par la rotation d'une ligne brisée tournant autour d'une droite. — On peut aussi considérer le volume de la sphère, comme la somme des volumes d'une infinité de pyramides ayant chacune pour base un élément infiniment petit de la surface et pour sommet le centre de la sphère. Ce qui fait bien la somme des éléments de surface, ou $4 \pi R^2 \times \dfrac{R}{3} = \dfrac{4}{3} \pi R^3$.

24° Mesure des Volumes. —
Parallélipipèdes

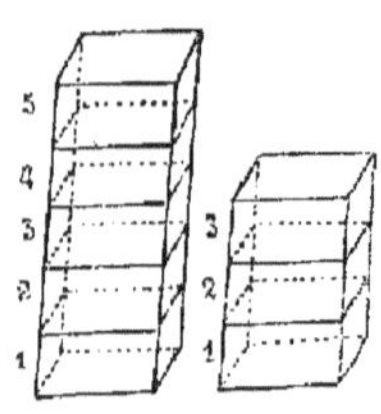

Les volumes de deux parallélipipèdes rectangles de même base sont entre eux comme les hauteurs.

Si le rapport des hauteurs est, par exemple, de $\dfrac{5}{3}$, cela veut dire que l'une des hauteurs peut être divisée en cinq parties égales à l'unité de mesure et l'autre en trois. En menant par les points de division des plans parallèles à la base, les deux volumes se trouvent décomposés, le premier en cinq et le deuxième en trois parallélipipèdes, tous égaux entre eux comme superposables.

Le rapport des volumes est donc, comme celui des hauteurs, de $\dfrac{5}{3}$.

Les volumes de deux parallélipipèdes rectangles de même hauteur sont entre eux comme les bases.

Soient P, P′ les parallélipipèdes donnés, h la hauteur commune, $a\ b$, $a'\ b'$ les dimensions des bases.

Si l'on suppose construit un troisième parallélipipède rectangle P″ ayant comme dimensions $h\ a$ et b', on aura :

$$\frac{P}{P''} = \frac{b}{b'}$$ puisque les deux autres dimensions sont égales ;

$$\frac{P''}{P'} = \frac{a}{a'}$$ pour la même raison,

d'où l'on déduit $\dfrac{P}{P'} = \dfrac{a}{a'}\,\dfrac{b}{b'}$ le rapport des bases.

Les volumes de deux parallélipipèdes rectangles quelconques sont entre eux comme le produit de leurs trois dimensions.

Soient P, P′ les deux parallélipipèdes donnés, $a\ b\ h$, $a'\ b'\ h'$ les trois dimensions de chacun d'eux. Si on suppose construit un troisième parallélipipède P″ ayant pour dimensions $a\ b\ h'$, on aura :

$$\frac{P}{P''} = \frac{h}{h'}$$ puisque les bases sont égales ;

$$\frac{P''}{P'} = \frac{a\ b}{a'\ b'}$$ puisque les hauteurs sont égales :

donc $$\frac{P}{P'} = \frac{a\ b\ h}{a'\ b'\ h'} =$$ le rapport des trois dimensions :

Le volume d'un parallélipipède rectangle est égal au produit de ses trois dimensions.

Car si l'on prend pour unité le parallélipipède rectangle C dont les trois dimensions sont l'unité de longueur, on a :

$$\frac{P}{C} = \frac{a \times b \times h}{1 \times 1 \times 1}$$ ou $P = a \times b \times h$, puisque $C = 1$.

Le volume d'un parallélipipède quelconque est égal au produit de la base par la hauteur.

Un parallélipipède est un prisme.

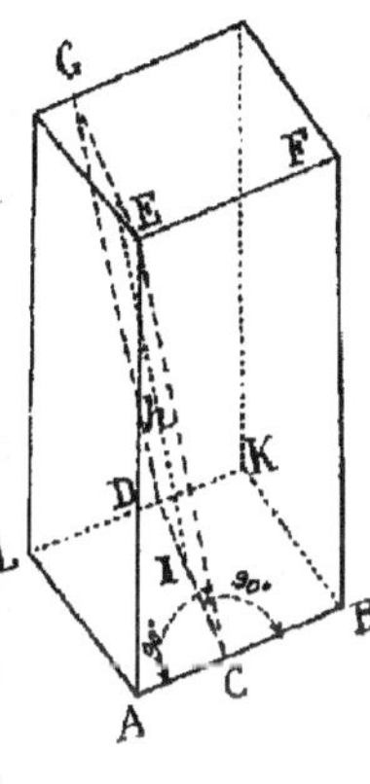

En s'appuyant sur ce que tout prisme oblique est équivalent à un prisme droit ayant pour hauteur l'une des arêtes latérales et pour base la section droite, on en conclut qu'un parallélipipède quelconque est équivalent à un parallélipipède rectangle ayant pour dimensions l'un des côtés de la base du parallélipipède donné, la hauteur de cette base et la hauteur du parallélipipède.

En effet :

$$V = EF \times \text{Surf. } ECDG = EF \times CD \times EI.$$
$$= AB \times CD \times h = \text{Surf. } ABKL \times h = \text{Surf. base} \times h.$$

25° Mesure des volumes. — Prisme. — Pyramide. — Tronc de pyramide.

Prisme. — *Le volume d'un prisme triangulaire est égal au produit de la base par la hauteur.*

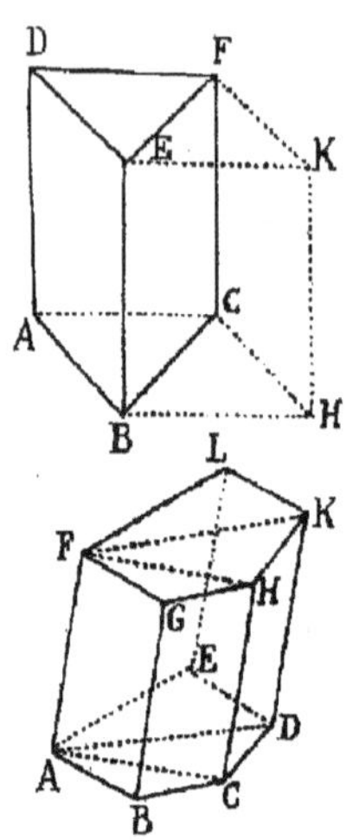

Soit le prisme A B C D E F. En menant par les arêtes E B, F C des plans parallèles aux faces opposées, on forme un parallélipipède A B H C D E K F, qui est le double du prisme triangulaire. Le volume de ce parallélipipède est égal au produit de la base par la hauteur ; donc, le volume du prisme triangulaire donné est égal à la moitié du produit de la base totale par la hauteur, c'est-à-dire au produit de la base A B C par la hauteur, puisque A B C est la moitié de la surface totale A B H C.

S'il s'agit d'un prisme quelconque A B C D E F G H K L, on le décompose en prismes triangulaires en menant des plans par deux arêtes non consécutives.

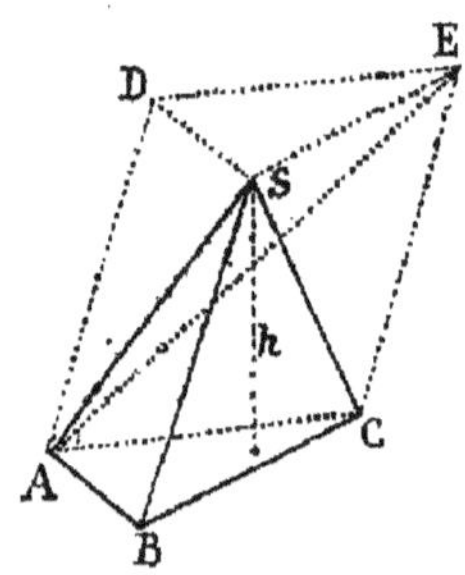

Pyramide. — *Le volume d'une pyramide triangulaire est égal au tiers du produit de la base par la hauteur.*

Soit la pyramide triangulaire S A B C. Si on construit le prisme triangulaire A B C D S E ayant A B C pour base et des arêtes parallèles à S B, la pyramide donnée sera le tiers de ce prisme. — Le prisme comprend, en effet, en plus de la pyramide S A B C, une pyramide quadrangulaire S A D E C qui peut être décomposée en deux pyramides triangulaires S A D E, S A C E, qui sont évidemment équivalentes puisqu'elles ont le même sommet et que leurs bases, placées sur le même plan, sont égales ; mais la pyrapimide triangulaire S A D E peut être considérée comme ayant pour sommet le point A et pour base D S E, ce qui prouve qu'elle est équivalente à la pyramide donnée, puisque les bases et les hauteurs sont égales.

Le prisme triangulaire se compose donc, en définitive, de trois pyramides égales entre elles, et puisque l'une d'elle est la pyramide donnée S A B C, le volume de cette pyramide est égal au tiers du volume du prisme, c'est-à-dire au tiers du produit de la base par la hauteur.

Une pyramide quelconque peut toujours se décomposer en pyramides triangulaires au moyen de plans passant par deux arêtes non contiguës.

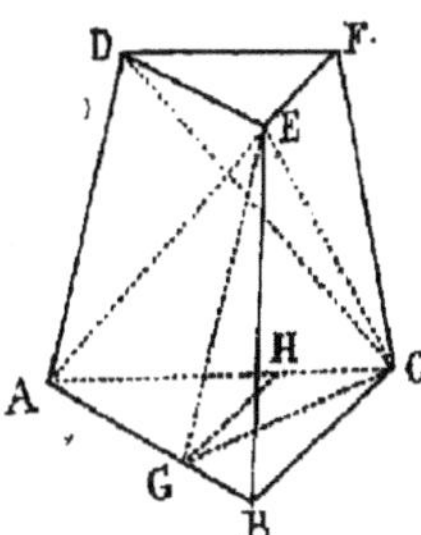

Tronc de pyramide. — *Le volume d'un tronc de pyramide à bases parallèles est équivalent à 3 pyramides ayant pour hauteur commune la hauteur du tronc et pour bases respectives la base supérieure, la base inférieure et une moyenne proportionnelle entre les deux bases.*

Soit le tronc de pyramide A B C D E F, il se compose de la pyramide triangulaire E A B C, qui a pour base A B C et pour hauteur la hauteur du tronc, et de la pyramide quadrangulaire E A D F C.

Cette pyramide quadrangulaire peut être décomposée en deux pyramides triangulaires E D F C, E A D C ; la pyramide E D F C peut être considérée comme ayant le point C pour sommet et par base D E F, c'est-à-dire la base supérieure du tronc et la hauteur du tronc.

Reste la pyramide triangulaire E A D C, le sommet peut être transporté au point G parallèlement au plan de la base A D C, puisque la hauteur reste la même. On a la pyramide G A D C ou bien, en prenant le point D pour sommet, la pyramide DAGC ; la hauteur de cette pyramide est encore celle du tronc, il suffit de faire voir que sa base A G C est moyenne proportionnelle entre les deux bases.

Les triangles A B C, A G C ont même hauteur, ils sont entre eux comme leurs bases, on a : $\dfrac{A\,B\,C}{A\,G\,C} = \dfrac{A\,B}{A\,G}$

De même, les triangles A G C, A G H sont entre eux comme leurs bases puisqu'ils ont même hauteur, et l'on a : $\dfrac{A\,G\,C}{A\,G\,H} = \dfrac{A\,C}{A\,H}$ mais comme G H est parallèle à B C et à E F, A G H = D E F et de plus $\dfrac{A\,B}{A\,G} = \dfrac{A\,C}{A\,H}$

On a donc finalement $\dfrac{A\,B\,C}{A\,G\,C} = \dfrac{A\,G\,C}{D\,E\,F}$

26° Cylindre — Surface et Volume

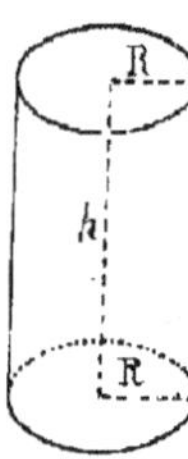

Cylindre. -- Un *cylindre* est un prisme composé d'une infinité de faces infiniment petites et dont le périmètre de la base est une courbe fermée.

Le cylindre droit, à base circulaire, est la limite vers laquelle tend un prisme droit ayant pour base un polygone régulier dont le nombre des côtés augmente indéfiniment. C'est aussi le volume engendré par un rectangle tournant autour d'un de ses côtés.

La surface latérale d'un cylindre droit est égale au périmètre de la base multipliée par la hauteur.

En effet, si on inscrit dans la base un polygone d'un nombre infini de côtés et si l'on mène par les sommets des parallèles à l'axe du cylindre, la surface latérale du prisme, inscrit ainsi dans le cylindre, se composera d'une infinité de rectangles ayant pour bases les côtés infiniment petits du polygone de base et pour hauteur commune la hauteur du cylindre, soit pour l'ensemble le périmètre de la base par la hauteur du cylindre, ce qui est encore vrai à la limite pour le cylindre lui-même.

S'il s'agit d'un cylindre droit à base circulaire, on a :

S. latérale — $2 \pi R$.
S . totale — $2 \pi R^2 + 2 \pi R = 2 \pi R (R + 1)$.

Par un raisonnement analogue on démontre que le volume du cylindre est la limite vers laquelle tend le volume d'un prisme inscrit quand on augmente indéfiniment le nombre des côtés de la base. Donc *le volume du cylindre a pour expression le produit de la base par la hauteur.*

S'il s'agit d'un cylindre droit à base circulaire, on a :

$V = \pi R^2 h$.

27° Cône. — Surface et Volume

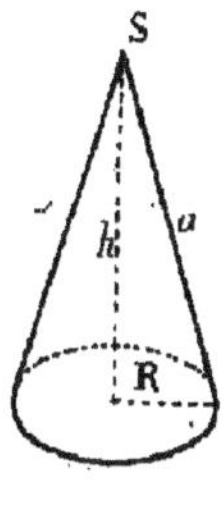

Un *cône* est une pyramide composée d'une infinité de faces infiniment petites et dont le périmètre de la base est une courbe fermée.

Le cône droit, à base circulaire, est la limite vers laquelle tend une pyramide régulière dont le nombre des côtés augmente indéfiniment.

C'est aussi le volume engendré par un triangle rectangle tournant autour d'un des côtés de l'angle droit.

La surface latérale d'un cône droit est égale au périmètre de la base multipliée par la moitié de l'aphothème, c'est-à-dire par la moitié de l'hypothénuse du triangle rectangle générateur.

En effet, si on inscrit dans la base un polygone d'un nombre infini de côtés et si l'on joint les sommets au sommet du cône, la surface latérale de la pyramide, inscrite ainsi dans le cône, se composera d'une infinité de triangles ayant pour bases les côtés infiniment petits du polygone de base et pour hauteur commune l'apothème, soit pour l'ensemble le périmètre de la base par la moitié de l'apothème, ce qui est encore vrai à la limite pour le cône lui-même.

S'il s'agit d'un cône droit à base circulaire, on a :

$$\text{S. latérale} = 2\,\pi R \times \frac{a}{2} = \pi R\,a.$$

$$\text{S. totale} = \pi R^2 + \pi R\,a = \pi R\,(R + a).$$

Par un raisonnement analogue, on démontre que le volume du cône est la limite vers laquelle tend le volume d'une pyramide inscrite quand on augmente indéfiniment le nombre des côtés de la base. Donc *le volume du cône a pour expression le tiers du produit de la base par la hauteur.*

S'il s'agit d'un cône droit à base circulaire, on a :

$$V = \frac{1}{3}\,\pi R^2 \times h.$$

28° Tronc de Cône. — Surface et Volume

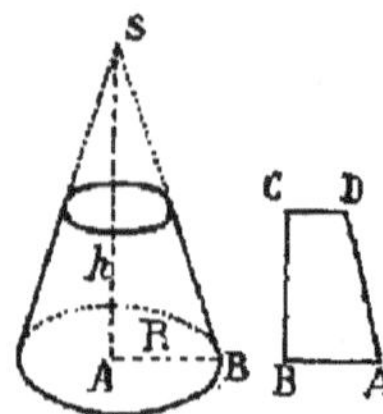

Le *tronc de cône* est le volume obtenu en coupant un cône droit à base circulaire par un plan parallèle à la base et en détachant le cône supérieur pour ne conserver que le volume compris entre le plan sécant et la base.

C'est le volume vers lequel tend un tronc de pyramide régulière lorsque le nombre des faces augmente indéfiniment, — ou, enfin, le volume engendré par un trapèze rectangle tournant autour de la perpendiculaire aux bases.

La surface latérale d'un tronc de cône à bases parallèles a pour mesure le produit de la demie somme des circonférences des bases par l'apothème.

Si on considère, en effet, un tronc de pyramide régulier inscrit dans le tronc de cône, chaque face est un trapèze dont la surface est égale à la demie somme des bases × l'apothème ; donc à la limite, la somme des faces infiniment petites est égale à la demie somme des éléments des bases, c'est-à-dire à la demie somme des périmètres × l'apothème.

On peut, du reste, le démontrer directement :

Soit le tronc de cône A B E D. Si on mène A G perpendiculaire à S A, si on prend A G = Circ. C A et si on joint S G, D H est la longueur de la circonférence F D, car on a :

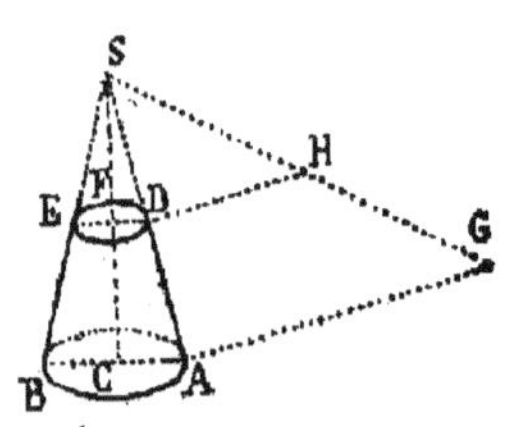

$$\frac{S\,D}{S\,A} = \frac{F\,D}{C\,A} = \frac{2\pi\,R\,F\,D}{2\pi\,R\,C\,A} = \frac{D\,H}{A\,C}.$$

et puisque A G = Circonf. C A, D H = cir. F D.

Les triangles S A G, S D H représentent les surfaces latérales des deux cônes S C A, S F D. La surface latérale du tronc du cône est donc représentée par le trapèze A G H D, c'est-à-dire qu'elle a pour valeur :

$$\frac{A\,G + D\,H}{2} \times D\,A \quad ou \quad \frac{Circ.\,C\,A + Circ.\,F\,D}{2} \times a.$$

Le volume d'un tronc de cône droit à bases parallèles est la somme de trois cônes ayant pour hauteur commune la hauteur du tronc et pour bases respectives la base inférieure, la base supérieure et une moyenne proportionnelle entre les deux bases.

Soit le tronc de cône C B E F, si l'on construit une pyramide triangulaire ayant pour base $H K L = \pi \overline{C A}^2$ et pour hauteur $G R =$ S C et si on la coupe par un plan parallèle à la base à une distance du sommet $G P = S E$: la surface de la section M N O sera égale à la circonférence E D, car on a :

$$\frac{\pi \overline{C A}^2}{\pi \overline{E D}^2} = \frac{\overline{C A}^2}{\overline{E D}^2} = \frac{\overline{S C}^2}{\overline{S E}^2} = \frac{\overline{G R}^2}{\overline{G P}^2} = \frac{\text{Surf. H K L}}{\text{Surf. M N O}}$$

et comme surface $H K L = \pi \ \overline{C A}^2$.

$$\text{Surface} \, M N O = \pi \ \overline{E D}^2.$$

Le volume du cône S C B est équivalent au volume de la pyramide G H K L; de même le volume du cône S E F est équivalent au volume de la pyramide G M N O, puisque les bases et les hauteurs sont équivalentes ; donc le tronc de cône a même volume que le tronc de pyramide, dont la formule est connue.

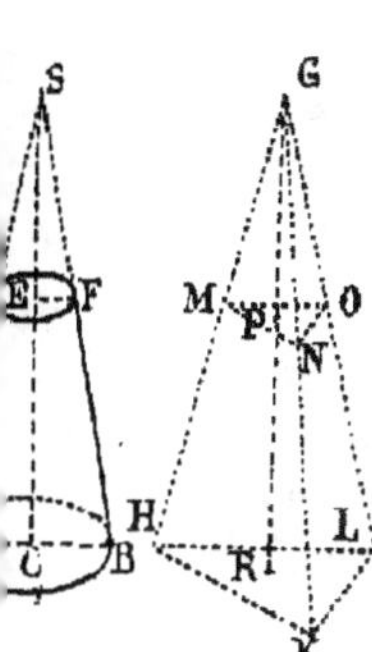

29° Sphère. — Section plane. — Grands cercles. — Petits cercles. — Pôle d'un cercle. — Plan tangent.

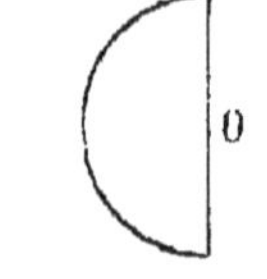

La *sphère* est le volume engendré par un demi cercle tournant autour de son diamètre. Tous les points de la surface sont à égale distance du centre, cette distance égale est le *rayon*.

Toute ligne passant par le centre et limitée à ses deux points de rencontre avec la surface, est un diamètre. — $D = 2 R$.

Un plan est dit *tangent* à une sphère quand il n'a qu'un point de commun avec elle, le *point de contact*.

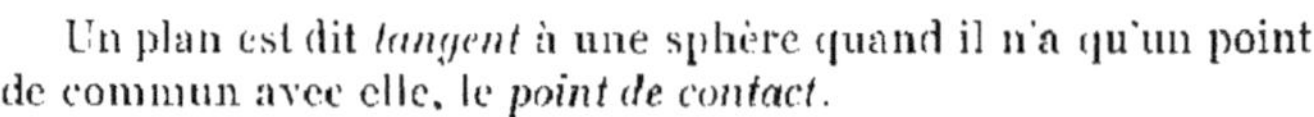

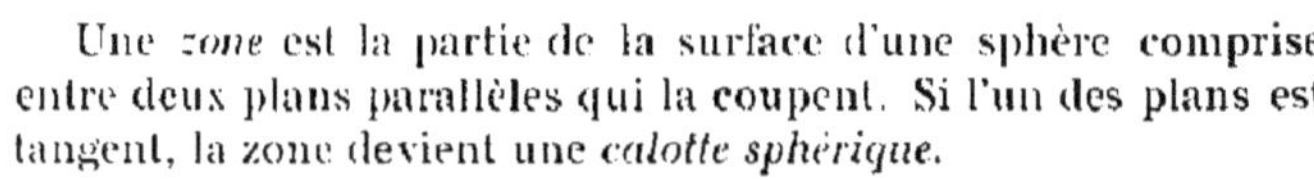

Une *zone* est la partie de la surface d'une sphère comprise entre deux plans parallèles qui la coupent. Si l'un des plans est tangent, la zone devient une *calotte sphérique*.

On peut tracer sur la sphère des triangles sphériques.

Toute section plane de la sphère est un cercle.

La distance de tous les points A, B, C, etc., de la section au centre O de la sphère est la même ; donc tous les points de la section sont à égale distance du pied I de la perpendiculaire abaissée du centre de la sphère sur le plan de la section.

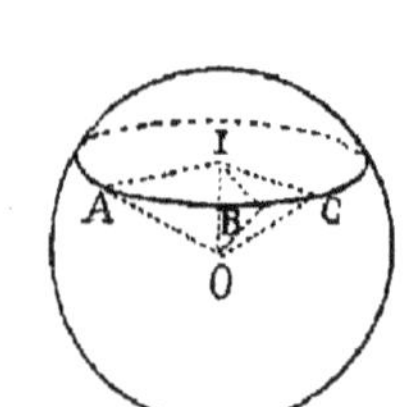

Tout plan passant par le centre coupe la sphère suivant un *grand cercle*, de rayon égal à celui de la sphère.

Les autres sections planes sont des *petits cercles*.

Les pôles d'un cercle sont les deux points où la sphère est rencontrée par le diamètre perpendiculaire au plan du cercle.

Tous les points de la circonférence d'une section plane de la sphère sont à égale distance des pôles.

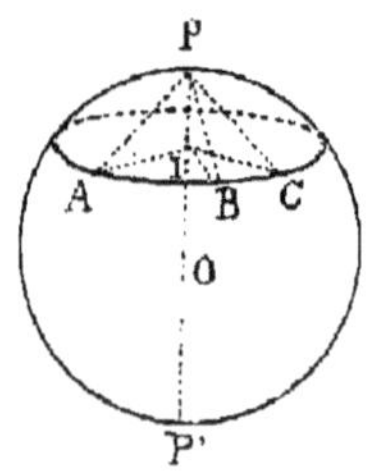

Tous les points tels que A, B, C sont, en effet, à égale distance du centre I, donc les obliques P A, P B, P C sont égales comme s'écartant également du pied de la perpendiculaire P I.

La distance polaire d'un grand cercle est égale au quart du cadran.

Un plan perpendiculaire à l'extrémité d'un rayon est tangent à la sphère.

Si l'on prend, en effet, un point quelconque D dans le plan et si on joint O D, l'oblique O D est $>$ que la perpendiculaire O A.

Tout point tel que D se trouve donc à l'extérieur de la sphère et le plan n'a qu'un point commun avec la sphère, le point A.

Réciproquement, si un plan ne touche une sphère qu'en un point A, il est perpendiculaire au rayon O A.

Toute ligne telle que OD est, en effet, par hypothèse $>$ que O A ; O A est la plus courte distance du point O au plan, c'est donc la perpendiculaire abaissée du point O sur le plan.

30° Sphère. — Surface et Volume

La surface de la sphère est égale à la somme des surfaces de quatre grands cercles.

$$S. = 4\,\overline{\pi\,R}^2.$$

Pour établir cette formule, on s'appuie sur les théorèmes suivants :

1° La surface engendrée par une droite limitée tournant autour d'un axe situé dans le même plan, a pour mesure la longueur de la droite multipliée par la circonférence que décrit son point milieu.

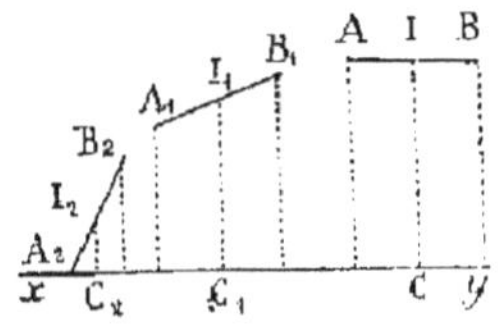

Suivant la position que la droite occupe, AB, A_1B_1, A_2B_2, par rapport à l'axe xy, la surface engendrée est celle d'un cylindre, d'un tronc de cône ou d'un cône. Dès lors, l'application pure et simple des formules relatives à ces surfaces, justifie le théorème.

2° La surface engendrée par une ligne brisée, régulière $ABCD$ tournant autour d'un axe xy situé dans le même plan, a pour mesure le produit de la circonférence inscrite par la projection sur l'axe de la ligne brisée.

Soient O le centre de la circonférence inscrite et OG son rayon.

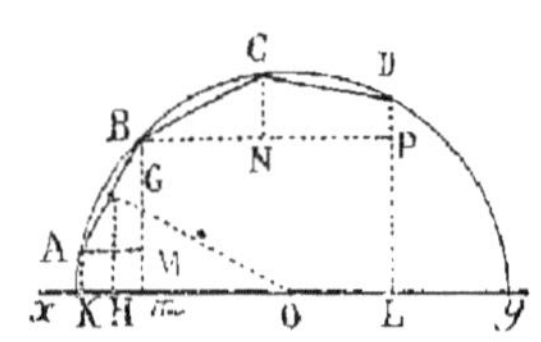

Surf. $ABCD =$ Surf. $AB +$ Surf. $BC +$ Surf. CD.
Surf. $AB = AB \times$ Circ. HG, d'après le théorème précédent.

De la similitude des triangles rectangles ABM, GOH, on déduit :

$$\frac{AB}{AM} = \frac{OG}{HG} = \frac{2\pi\,OG}{2\pi\,HG}, \text{ ou}$$

$$AB \times 2\pi\,HG = AM \times 2\pi\,OG,$$

donc surf. $AB =$ Circ. $OG \times AM$, c'est-à-dire la circonférence inscrite par la projection sur l'axe.

Il en serait de même pour les autres éléments constitutifs BC, CD, et l'on peut écrire :

Surf. $ABCD =$ Circ. $OG \times (AM + BN + NP) =$ Circ. $OG \times KL$.

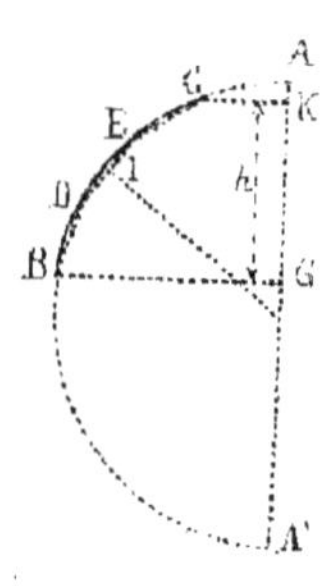

Une zone a pour mesure le produit de sa hauteur par la circonférence d'un grand cercle.

La zone BC est en effet la limite vers laquelle tend la surface engendrée par la ligne régulière $BDEC$ tournant autour de son diamètre AA', si le nombre des côtés augmente indéfiniment.

On a :

2π limite de $OI \times KL$ ou $2\pi R \times KL = 2\pi R \times h$.

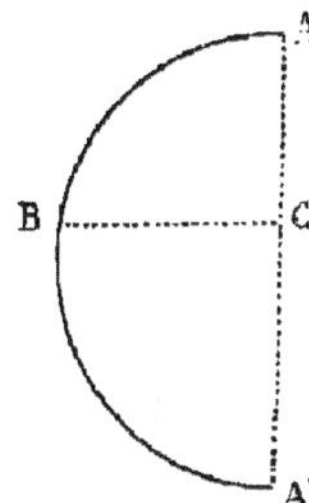

La sphère est engendrée par un demi-cercle tournant autour de son diamètre AA'. On peut donc la considérer comme l'ensemble des deux zones AB, BA', dont la somme des hauteurs $AC + CA'$ est égale au diamètre.

La surface a donc pour valeur la circonférence d'un grand cercle multipliée par la somme des hauteurs, ou :

$$2\pi R \times 2R = 4\overline{\pi R}^2.$$

Le volume de la sphère est égal à $\dfrac{4}{3}$ *de* $\overline{\pi R}^3$.

On peut en effet considérer la sphère comme la somme d'une infinité de pyramides ayant pour bases des éléments infiniment petits de la surface et pour sommet commun le centre de la sphère, soit pour volume la somme de toutes les bases, c'est-à-dire la surface de la sphère multipliée par le tiers de la hauteur commune, le rayon, ou $4\overline{\pi R}^2 \times \dfrac{R}{3} = \dfrac{4}{3}\overline{\pi R}^3$.

§ IV. — COSMOGRAPHIE

1° Sphère céleste

La *sphère céleste* est une sphère idéale, d'un rayon immense, dont la terre occupe le centre, et sur laquelle on peut, en raison de leur très grand éloignement, considérer comme placés tous les astres que l'on aperçoit le soir dans le ciel.

On donne aussi le nom de sphère céleste à une sphère solide sur laquelle on a dessiné, dans leurs positions respectives, les astres du ciel ou à une reproduction sur papier de la sphère idéale, reproduction que l'on obtient par projection stéréographique.

A simple vue, les astres se distinguent entre eux ; les uns scintillent et conservent toujours les uns par rapport aux autres, sur la sphère céleste, les mêmes distances angulaires ; ce sont les *étoiles*. Les autres ne scintillent pas, leurs distances angulaires par rapport aux étoiles varient ; ce sont les *planètes*, les *comètes* ou astres errants.

On sait que la verticale d'un lieu est la direction de la pesanteur en ce lieu. Elle est donnée par le fil à plomb. Prolongée indéfiniment, la verticale rencontre la sphère céleste en deux points : le *zénith* au-dessus de l'observateur et le *nadir* au-dessous. Le zénith est en apparence le point le plus élevé du ciel, le nadir est le zénith de l'antipode du lieu.

Le *Vertical* d'un astre est le plan passant par l'astre et par la verticale d'un lieu. Il coupe la sphère céleste suivant un grand cercle, puisqu'il passe par le centre.

L'*Horizon rationel* d'un lieu est le plan mené perpendiculairement à la verticale par l'œil de l'observateur. L'*Horizon astronomique* est un plan perpendiculaire à la verticale, mais passant par le centre de la Terre.

Tous deux coupent la sphère céleste suivant le même grand cercle, vu les dimensions infiniment petites de la Terre par rapport à cel es de la Spère Céleste.

Il y en a un troisième hozizon, c'est l'*horizon sensible*, déterminé par le cône des rayons visuels menés aux points de la courbe qui limite notre vue sur la Terre.

La position d'un astre est déterminée sur la sphère céleste par les *coordonnées Azimutales: la hauteur au-dessus de l'horizon* ou encore la *distance zénithale* et l'*Azimut*.

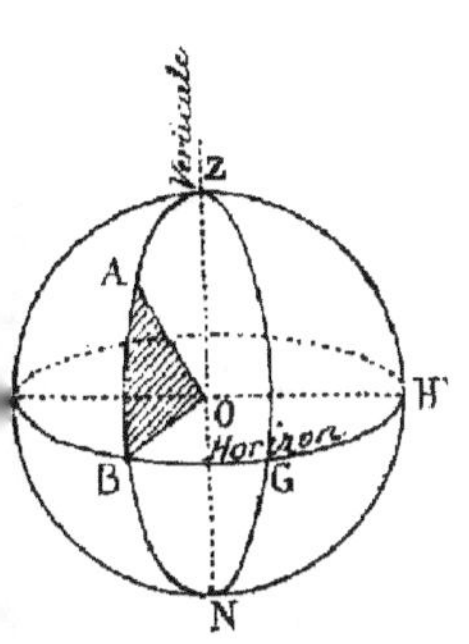

La hauteur d'un astre au-dessus de l'horizon est l'angle que fait avec l'horizon le rayon visuel allant à cet astre. C'est l'angle A O B mesuré par l'arc A B sur le vertical de l'astre.

La distance zénithale est l'angle que fait avec la verticale le rayon visuel allant à l'étoile, c'est l'angle A O Z mesuré sur le vertical par l'arc A Z.

La distance zénithale est le complément de la hauteur au-dessus de l'horizon. A O B + A O Z = 90°.

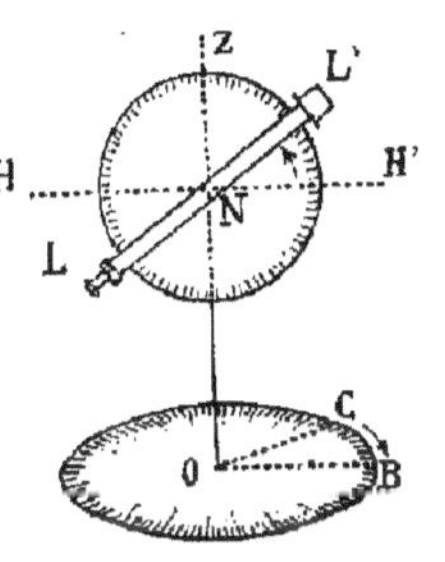

L'Azimut est l'angle dièdre que fait le vertical de l'étoile, avec un vertical fixe pris comme origine. C'est l'angle B Z N G mesuré sur le grand cercle de l'horizon par l'arc B G.

Les coordonnées azimutales se déterminent au moyen du *Théodolite* qui se compose d'un plateau horizontal gradué, au centre sur lequel s'élève un axe vertical portant un plateau vertical gradué muni d'une lunette. L'azimut se mesure sur le plateau horizontal, la hauteur au-dessus de l'horizon et la distance zénithale sur le plateau vertical.

2° Principales constellations

On donne le nom de *Constellation* à des groupes d'étoiles, de grandeurs diverses, qui forment dans le ciel des figures plus ou moins caractéristiques.

Le nombre des groupes connus dépasse 120.

En principe, dans chaque groupe, les étoiles sont désignées suivant l'ordre des grandeurs par les lettres de l'alphabet grec α β γ...

Il y a trois catégories de constellations :

Les constellations *circompolaires* situées toujours au-dessus de l'horizon dans le voisinage du Pôle Nord ;

Les constellations *équatoriales* qui, chaque soir, apparaissent à l'orient pour disparaître à l'occident ;

Enfin les constellations *invisibles*, au-dessous de l'horizon, vers le Pôle Sud.

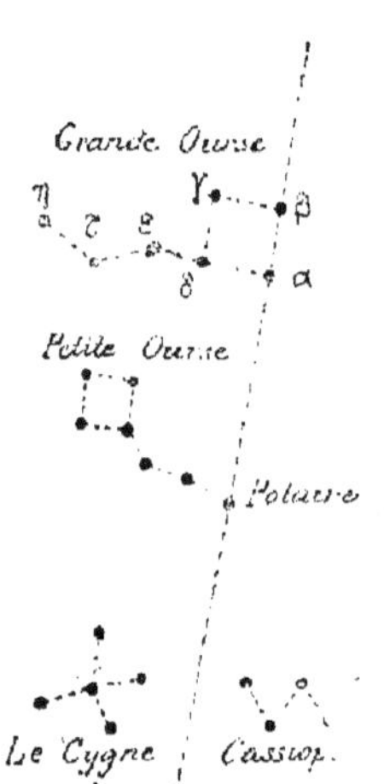

Les constellations circompolaires sont au nombre de neuf ; les principales sont : la *Grande Ourse*, la *Petite Ourse*, le *Dragon*, *Persée*, *Cassopiée*, le *Cygne*, la *Girafe*.

La Grande Ourse ou Char de David est composée de sept étoiles, de deuxième et de troisième grandeur, dont quatre forment un trapèze. Les étoiles α β sont dites « les Gardes »,

La Petite Ourse se compose également de sept étoiles ; la forme est sensiblement la même que pour la Grande Ourse, mais en sens opposé. L'étoile qui se trouve à la queue de la Petite Ourse est d'un éclat plus marqué : elle paraît fixe dans le ciel parce qu'elle est très voisine du Pôle ; c'est l'étoile Polaire. Elle se trouve dans le prolongement de la ligne qui passe par les étoiles β α de la Grande Ourse, c'est-à-dire dans le prolongement du côté du trapèze opposé à la queue de la Grande Ourse.

Parmi les constellations équatoriales, douze sont situées dans la zone où se meuvent le soleil, la lune et les planètes. ce sont les douze constellations zodiacales : Sunt :

Ariès, Taurus, Gemini, Cancer, Léo, Virgo,
Libraque, Scorpius, Arcitenens, Caper, Amphora, Pisces.

Parmi les autres constellations équatoriales, on distingue *Pégase, Andromède, Orion*, le *Grand Chien où se trouve Sirius*, la plus belle étoile du ciel, etc.

Les principales constellations invisibles, c'est-à-dire voisines du Pôle sud sont: La *Croix du Sud*, le *Centaure*, le *Navire*, le *Poisson austral*, etc.

3° Mouvement diurne

Le mouvement diurne est l'ensemble du mouvement dont paraissent animés les étoiles et les astres qu'on aperçoit sur la sphère céleste.

Les étoiles semblent décrire, d'orient en occident, pendant le même temps et d'un mouvement uniforme, des cercles parallèles sur la sphère céleste.

Les constellations circompolaires, comme la Grande Ourse, se déplacent en restant toujours visibles. Les étoiles des constellations équatoriales, au contraire, se lèvent à l'orient, s'élèvent au-dessus de l'horizon jusqu'à un point dit de culmination, redescendent et se couchent à l'occident.

Le mouvement diurne est :

Rétrograde, c'est-à-dire qu'il s'effectue d'orient en occident ou de gauche à droite par rapport à un observateur tourné vers le Sud et dont le corps serait dirigé vers l'étoile Polaire ;

Isochrone, c'est-à-dire que la révolution complète d'un astre s'effectue toujours dans un même temps, 23 heures 56', dit « jour sidéral » ;

Uniforme, circulaire et *parallèle*, c'est-à-dire que des arcs égaux sont parcourus en des temps égaux, suivant des cercles dont les plans ne se rencontrent pas.

L'axe autour duquel paraît s'effectuer le mouvement diurne est dit : *l'axe du monde*. Il rencontre la sphère céleste en deux points qui sont les pôles *Nord* et *Sud*.

L'axe du monde passe dans le voisinage de l'étoile Polaire qui n'en est distante que d'1° environ et qui par cela même paraît fixe dans le ciel.

Le grand cercle perpendiculaire à l'astre du monde est dit : l'*Equateur céleste*.

Un *cercle horaire* est un grand cercle déterminé par un plan passant par l'axe du monde.

A chaque astre correspond un cercle horaire qui tourne avec lui.

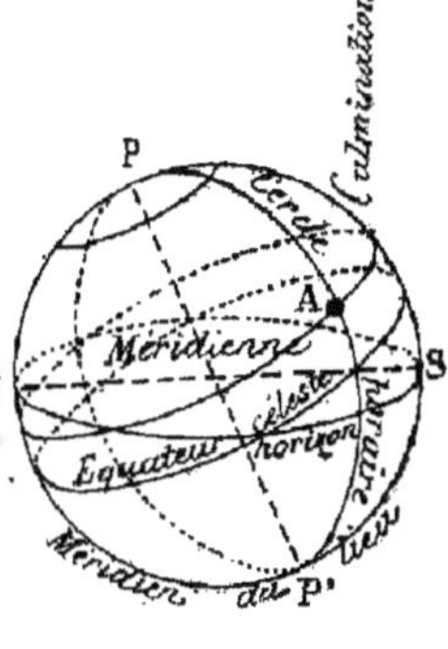

Le *méridien* d'un lieu est le plan déterminé par l'axe du monde et par la verticale du lieu. La *méridienne* est l'intersection du méridien avec le plan de l'horizon. C'est la ligne nord-sud, le nord étant l'extrémité de la méridienne du côté de l'étoile Polaire.

La culmination d'une étoile correspond évidemment à son passage au méridien.

Ptolémée et les anciens supposaient que le mouvement diurne était un mouvement réel, mais Copernic a réfuté ce système en soutenant qu'il ne s'agissait que d'un mouvement apparent déterminé par une rotation uniforme et directe de la Terre.

La forme aplatie de la Terre, les vents alizés, la déviation à l'Orient dans la chute des corps, sont des arguments en faveur du système de Copernic et, du reste, la rotation de la Terre a été mise en évidence directement par Foucault au Panthéon, (de 1849 à 1851), avec un pendule de 64 mètres de longueur qui, par ses oscillations, détruisait graduellement un petit bourrelet de terre disposé en rond.

4° Ascension droite et déclinaison

L'ascension droite et la déclinaison sont des coordonnées dites : *Coordonnées équatoriales* qui, comme les coordonnées azimutales servent à fixer la position des astres sur la sphère céleste.

Pour les coordonnées azimutales, les plans de coordonnées sont l'*Horizon* et le *Vertical* de l'astre qui changent à chaque instant, tandis que pour l'ascension droite et la déclinaison, les plans de coordonnées sont l'*Équateur* et le *Cercle horaire* de l'astre qui sont des plans fixes.

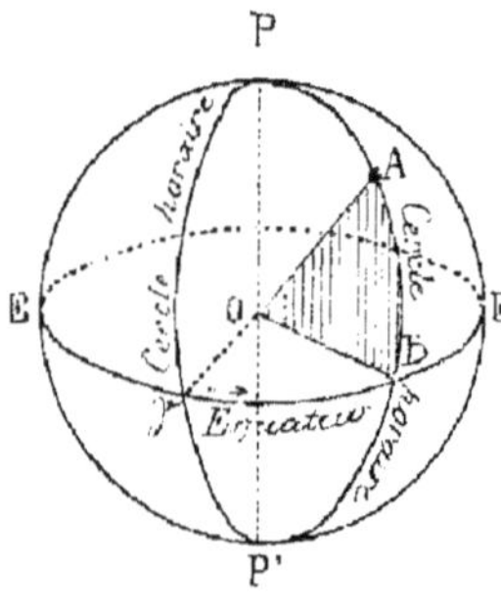

L'ascension droite correspond à l'Azimuth, et la déclinaison à la hauteur au-dessus de l'horizon.

L'ascension droite est l'angle dièdre que fait le cercle horaire de l'étoile avec le cercle horaire d'origine; c'est l'angle P γ B P' mesuré sur l'équateur par l'axe γ B. L'ascension droite varie de 0 à 360° dans le sens direct, c'est-à-dire de droite à gauche; elle se compte sur l'équateur à partir du point γ, dit *point vernal*, où l'écliptique rencontre l'équateur.

L'ascension droite est égale en degrés, minutes et secondes d'arcs à 15 fois le nombre d'heures, minutes et secondes sidérales qui s'écoulent entre les passages de l'origine γ et celui de l'étoile au méridien du lieu.

La rotation complète s'effectue, en effet, d'un mouvement uniforme, en 24 heures.

A 24 heures correspondent 360°.

Au temps t, qui s'écoule entre les deux passages, correspond l'arc γ B. Puisqu'il s'agit d'un mouvement uniforme, on a :

$$\frac{\gamma\,B}{360°} = \frac{t}{24} = \text{ou } \gamma\,B = \frac{360}{24} \times t = 15.\,t.$$

On observe le passage de l'étoile au moyen de la lunette méridienne. L'heure donnée par l'horloge sidérale, dont le zéro correspond au passage du point vernal, indique précisément le temps écoulé t entre les deux passages.

La déclinaison est l'angle que fait avec l'équateur le rayon visuel mené à l'étoile. C'est l'angle AOB mesuré par l'arc AB sur le cercle horaire. La déclinaison se compte de O à 90°. Elle est positive ou boréale au-dessus de l'équateur, négative ou australe au-dessous.

La déclinaison est égale à la hauteur du pôle au-dessus de l'horizon, augmentée ou diminuée de la distance zénithale de l'étoile, au moment de sa culmination.

L'arc AE est égal en effet à AZ + ZE, mais ZE = PH puisque les angles ZOE, POH ont leurs côtés perpendiculaires l'un à l'autre et PH c'est la hauteur du pôle au-dessus de l'horizon. — AZ est la distance zénithale.

Si l'astre était en A', on aurait A'E = ZE — ZA'.

La hauteur du pôle au-dessus de l'horizon, c'est-à-dire la direction de l'axe du monde, s'obtient en visant une étoile circompolaire à son passage supérieur et à son passage inférieur au méridien et en menant la bissextrice de l'angle ainsi obtenu.

5° Forme sphérique de la Terre

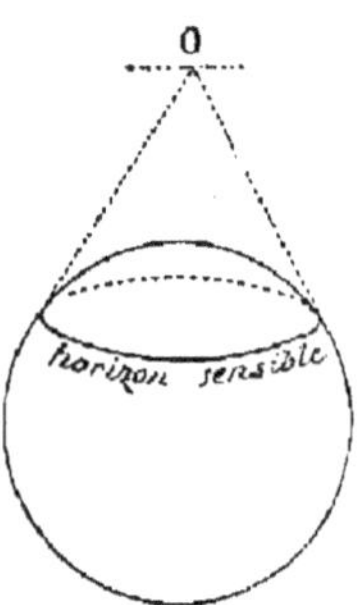

La Terre est isolée dans l'espace comme le prouvent les voyages de circomnavigation. Elle est ronde, car si on regarde un navire qui s'éloigne, on voit disparaître d'abord le corps du navire, puis les voiles inférieures et enfin le sommet des mâts.

La courbure est constante comme celle d'une sphère, car le périmètre de l'horizon sensible est une circonférence dont le rayon ne dépend que de la hauteur à laquelle se trouve l'observateur au-dessus de l'horizon.

La Terre n'est cependant pas absolument sphérique. Elle tourne dans l'espace autour d'un axe qui est précisément l'axe du monde et, comme conséquence de cette rotation, elle est aplatie aux deux extrémités de l'axe, c'est-à-dire aux pôles.

La Terre était autrefois complètement liquide, comme elle l'est encore à l'intérieur du globe et l'expérience prouve qu'une masse liquide qui tourne autour d'un axe se renfle vers le milieu, par l'action de la force centrifuge, et s'aplatit par cela même aux pôles, en raison de la continuité de la matière.

Quand on approche des pôles de la Terre, les oscillations du pendule sont plus rapides parce qu'on est plus près du centre d'attraction et parce qu'il y a diminution de la force centrifuge.

Si la Terre était absolument sphérique, l'arc de 1° aurait dans toutes les parties d'un méridien la même valeur, tandis qu'il n'en est pas ainsi. Si l'on mesure des arcs d'une graduation connue et si on en déduit la longueur de l'arc de 1°, on constate que cette longueur augmente en s'éloignant de l'équateur vers les pôles, ce qui ne peut s'expliquer que par un aplatissement de la Terre. — A l'équateur l'arc de 1° a pour valeur 110.608 m., à 40° 111.212 m., à 60° 111.917 m.

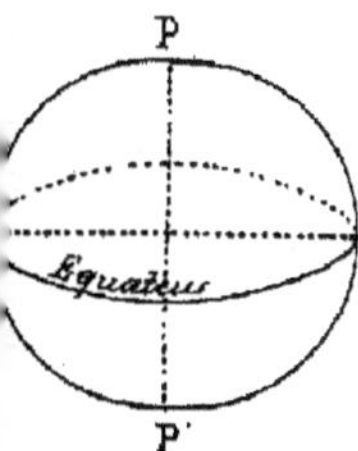

Le globe terrestre a la forme d'un ellipsoïde. Les méridiens sont des ellipses égales dont les petits axes sont dirigés suivant la ligne des pôles et l'aplatissement, qui est le rapport $\dfrac{EE' - PP'}{EE'}$, c'est-à-dire le rapport de la différence des axes au grand axe, a pour valeur $\dfrac{1}{300}$.

6° Détermination de la longitude et de la latitude.

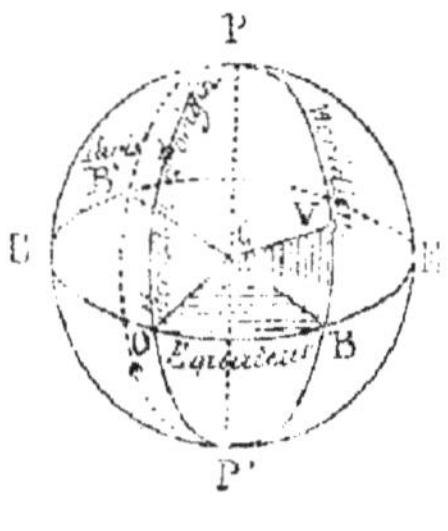

La *longitude* et *la latitude* sont des coordonnées analogues aux coordonnées équatoriales, qui permettent de fixer la position d'un point sur le globe terrestre. Les plans des coordonnées sont l'équateur et le méridien du lieu.

La longitude est l'angle dièdre que fait le méridien d'un lieu avec un méridien d'origine qui est en France le méridien de Paris et en Angleterre celui de Greenwich. C'est l'angle dièdre PO BP' mesuré sur l'équateur par l'arc OB.

La longitude correspond à l'ascension droite. Elle se compte de 0 à 180° et non de 0 à 360°, comme l'ascension droite: mais elle est orientale ou occidentale suivant que le méridien du lieu se trouve à l'orient ou à l'occident du méridien d'origine.

Sur un même demi méridien, la longitude est la même. Sur l'autre moitié, elle est égale au supplément et de nom contraire, OB' = 180° — O B.

La longitude d'un lieu est égale en degrés, minutes, secondes d'arc à 15 fois le nombre d'heures, minutes et secondes sidérales qui s'écoulent entre le passage d'une même étoile au méridien de ce lieu et au méridien d'origine.

En effet, dans son mouvement diurne et uniforme autour de l'axe du monde, l'étoile rencontre successivement tous les plans des méridiens de la terre.

La rotation complète du cercle horaire de l'étoile se fait en 24 heures sidérales.

A 24 heures correspondent 360°.

Au temps t correspond l'arc OB.

Et l'on a, puisque le mouvement est uniforme :

$$\frac{360°}{OB} = \frac{24}{t} \quad \text{ou} \quad OB = \frac{360°}{24} \times t = 15\,t.$$

L'instant du passage d'une étoile au méridien du lieu est donné par une lunette méridienne, c'est-à-dire par une lunette installée de façon à décrire le méridien du lieu.

Quant au temps t, on peut l'avoir en réglant à zéro, à Paris et au point considéré, deux chronomètres au moment précis du passage de l'étoile au méridien. Les deux chronomètres, comparés ensuite entre eux, sont en désaccord et la différence est précisément la valeur de t.

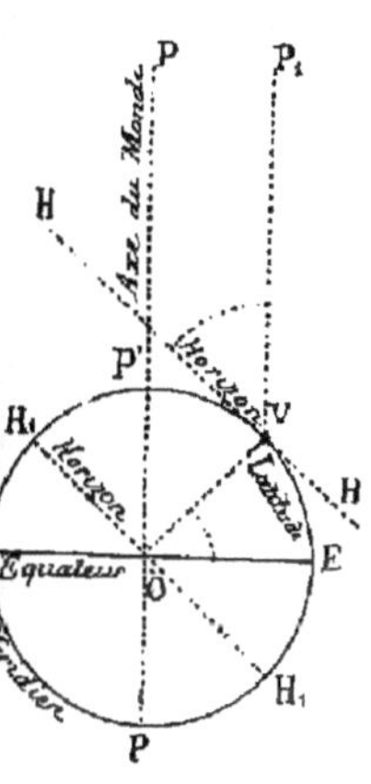

La latitude correspond à la déclinaison. C'est l'angle que fait la verticale d'un lieu avec l'équateur ou l'angle V C B mesuré sur le méridien par l'arc V B.

La latitude se compte de 0 à 90. Comme la déclinaison, elle est boréale ou australe. Sur un même parallèle tous les points ont la même latitude.

La latitude d'un lieu est égale à la hauteur du Pôle céleste au-dessus de l'horizon.

La latitude du point V est l'angle V O E. Si l'on mène V P₁ parallèle à l'axe du monde, l'angle P₁ V H est la hauteur du pôle au-dessus de l'horizon ; mais les deux angles P₁ V H et V O E, sont égaux comme ayant leurs côtés perpendiculaires entre eux.

La hauteur du pôle au-dessus de l'horizon se détermine au moyen du cercle mural.

7° **Rayon de la Terre**

Le Rayon de la Terre en un point donné est la distance de ce point au centre.

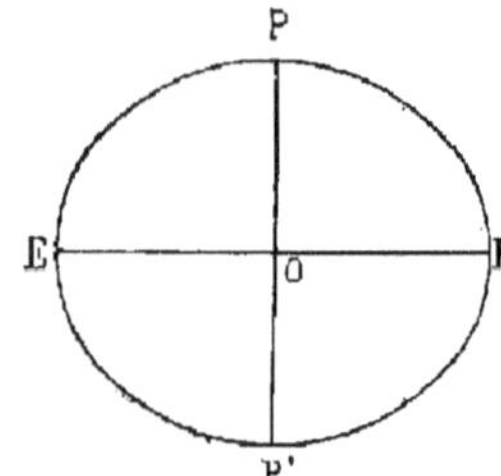

Le Globe terrestre est un ellipsoïde, c'est-à-dire une sphère aplatie aux pôles. L'axe suivant l'équateur est $>$ l'axe suivant la ligne des pôles. L'aplatissement, c'est-à-dire le rapport de la différence des axes par rapport au plus grand, est de 1/300e —

$$\frac{O E - O P}{O E} = \frac{1}{300}$$

Des mesures faites sur des arcs de méridien, de graduation connue, on a déduit la longueur totale du méridien, les longueurs des différentes parties de l'arc de 1° et enfin les dimensions des deux axes.

$$O E = 6,378^{km} - O P = 6,356^{km}$$

Soit une différence de 22 ^{km} en nombre rond entre les rayons à l'Equateur et aux Pôles.

Les rayons varient donc aux différents points de la terre; ils diminuent quand on s'éloigne de l'Equateur vers les pôles.

Le Rayon moyen est la 1/2 somme des rayons extrêmes.

$$R = \frac{6378 + 6356}{2} = 6367^{km}.$$

8° Soleil. — Mouvement apparent sur la sphère céleste. — Écliptique. — Constellations zodiacales. — Saisons.

Le *soleil* est un astre d'un éclat éblouissant auquel on doit la lumière du jour.

Il paraît animé sur la sphère céleste d'un mouvement autour de l'axe du monde.

Comme les étoiles équatoriales, le soleil se lève à l'orient, monte au-dessus de l'horizon jusqu'au méridien, et redescend pour se coucher à l'occident. Le mouvement diurne apparent du soleil n'est pas le même que celui des étoiles. L'ascension droite et la déclinaison, qui sont sensiblement fixes pour les étoiles, sont au contraire variables pour le soleil.

De la variation de l'ascension droite il résulte que le soleil se déplace dans le sens direct, c'est-à-dire de l'occident à l'orient ou de droite à gauche pour un observateur regardant vers le sud et dont la tête est tournée vers l'étoile polaire. Le déplacement est d'environ 1° par jour.

Quant à la déclinaison, elle est boréale le 21 juin et a pour valeur 23°27', tandis qu'elle est australe le 21 décembre avec la même valeur de 23°27'.

Pendant six mois, le soleil est au-dessus du plan de l'équateur, pendant six mois il est au-dessous. Il traverse deux fois l'équateur, le 20 mars et le 22 septembre, quand la déclinaison est nulle.

Indépendamment du mouvement général autour de l'axe du monde le soleil paraît donc animé d'un mouvement propre dans un plan passant par le centre de la sphère céleste et incliné de 23°27' sur l'équateur. Ce plan est l'*Écliptique*, qui coupe la sphère céleste suivant le grand cercle que paraît décrire le soleil.

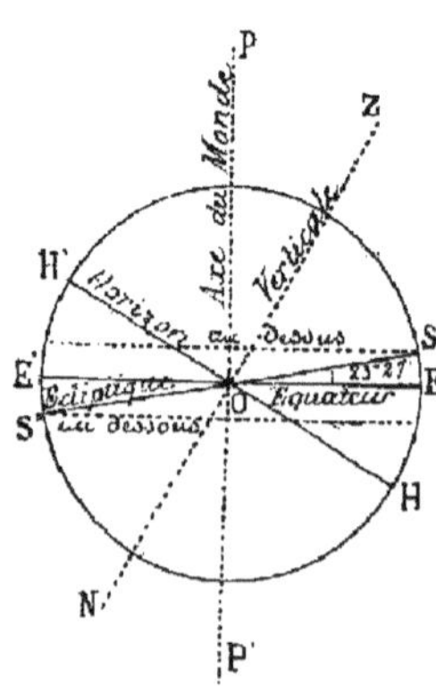

Les points solsticiaux sont ceux où le soleil a la plus grande déclinaison. Le *solstice d'été* (21 juin) correspond à la plus grande déclinaison boréale (23°27') et par conséquent à la durée maximum du jour par rapport à la nuit, puisque le séjour du soleil au-dessus de l'horizon est maximum ; le *solstice d'hiver* (21 décembre) correspond à la plus grande déclinaison australe (23°27) et par conséquent à la durée minimum du jour par rapport à la nuit.

Les *points équinoxiaux* sont ceux où le plan de l'écliptique coupe l'équateur. L'*équinoxe de printemps* dit *point γ* ou *point vernal* correspond au passage du soleil de l'hémisphère austral dans l'hémisphère boréal, le 20 mars. L'*équinoxe d'automne, point ω*, est l'autre point de rencontre (22 septembre).

La ligne γ ω est la ligne des équinoxes. A l'époque des équinoxes le soleil est dans le plan de l'horizon, les jours sont égaux aux nuits. Les jours croissent du solstice d'hiver au solstice d'été et décroissent du solstice d'été au solstice d'hiver en passant par l'égalité aux deux équinoxes.

On appelle *Zodiaque* une zone de la sphère céleste s'étendant à 8°30' de part et d'autre de l'écliptique. C'est dans cette zone que paraissent se mouvoir le Soleil, la Lune et toutes les grosses planètes. Les constellations zodiacales sont les douze constellations équatoriales comprises dans la zone zodiacale. Le soleil passe successivement de l'une dans l'autre. Sunt :

Ariés, Taurus, Gémini, Cancer, Léo, Virgo,
Libraque, Scorpius, Arcitenens, Caper, Amphora, Pisces.

Les saisons astronomiques sont les périodes de temps qui s'écoulent entre le passage du soleil d'un équinoxe au solstice suivant ou d'un solstice à l'équinoxe suivant, savoir :

Printemps.. — Entre l'équinoxe du printemps et le solstice d'été (20 mars - 21 juin).

Été. — Entre le solstice d'été et l'équinoxe d'automne (21 juin - 22 septembre).

Automne. — Entre l'équinoxe d'automne et le solstice d'hiver (22 septembre - 21 décembre).

Hiver. — Entre le solstice d'hiver et l'équinoxe du printemps (21 décembre - 20 mars).

L'*année sidérale* est le temps qui s'écoule entre deux retours du soleil dans le cercle horaire d'une même étoile. C'est le temps que met le soleil à faire le tour de l'écliptique (365j 6h environ).

L'*année tropique* est le temps qui s'écoule entre deux équinoxes consécutifs du printemps, c'est-à-dire deux retours consécutifs du soleil au point γ. Elle est plus courte que l'année sidérale, parce que le point γ n'est pas fixe (365j 5h 48' 47").

L'*année civile* est réglée sur l'année tropique. Elle se compose de 365 jours et de 366 jours tous les quatre ans (*réforme Julienne*) pour compenser la différence de temps. Les années de 366 jours sont *bissextiles*. On supprime trois années bissextiles en 400 ans (*réforme Grégorienne*). Les années séculaires, comme 1900, dont les centaines ne sont pas divisibles par 4 ne sont pas bissextiles.

9° Lune

La *Lune* est le satellite de la Terre. Éclairée par le soleil, elle se montre dans le ciel sous la forme d'un croissant ou d'un disque.

La lune, comme tous les autres astres, paraît animée sur la sphère céleste d'un mouvement diurne autour de l'axe du monde. Comme le soleil et les étoiles équatoriales, la lune s'élève à l'orient, monte au-dessus de l'horizon jusqu'au méridien, puis redescend pour se coucher à l'occident.

Comme pour le soleil, l'ascension droite et la déclinaison ne sont pas fixes. La lune est animée d'un mouvement propre direct sur la sphère céleste. Elle parcourt les constellations zodiacales suivant un plan incliné sur l'équateur et qui diffère peu de l'écliptique.

Le mouvement direct de la lune est beaucoup plus rapide que celui du soleil. La longitude de la lune augmente chaque jour de 13° environ, tandis que celle du soleil n'augmente que de 1°. La révolution sidérale qui se fait en un an pour le soleil se fait, pour la lune, en 27 jours 8 heures environ.

L'orbite que décrit la lune et qui diffère peu de l'écliptique coupe l'écliptique en deux points qui sont dits « *les nœuds* » : le *nœud ascendant* qui correspond au passage de l'hémisphère austral dans l'hémisphère boréal, et le *nœud descendant*.

La latitude et la longitude de la lune sont des coordonnées analogues aux coordonnées terrestres, mais les plans de coordonnées sont l'écliptique et un plan perpendiculaire, au lieu d'être l'équateur et un méridien.

La latitude est toujours très faible, puisque l'orbite que décrit la lune diffère peu de l'écliptique. Sa valeur maximum est de 5° environ.

La longitude est l'arc d'écliptique compris entre le nœud ascendant et le plan mené par la lune perpendiculairement à l'écliptique. On la compte dans le sens direct de 0 à 360°, comme l'ascension droite.

En raison de la différence des mouvements propres de la lune et du soleil, la lune s'écarte de plus en plus du soleil à raison de 12° environ par jour.

Il y a *conjonction*, lorsque la longitude de deux axes est la même. Ils passent au méridien en même temps, se lèvent et se couchent à peu près à la même heure.

La lune et le soleil sont en *quadrature* quand la différence des longitudes est de 90°. Les deux astres passent au méridien à 6 heures d'intervalle.

La lune est en *opposition* avec le soleil quand la différence des longitudes est de 180°; elle passe au méridien environ 12 heures après le soleil.

Le *cours* de la lune est l'intervalle compris entre une conjonction jusqu'à l'oppostion suivante, soit 15 jours environ et le *décours* ou *déclin* est l'intervalle compris entre l'opposition et la conjonction suivante, soit aussi 15 jours environ.

La conjonction et l'opposition sont désignées sous le nom de *syzigies*; à l'époque des syzigies la lune et le soleil sont dans la même direction.

La *révolution synodique* ou *lunaison* est le temps qui sécoule entre deux conjonctions ou deux oppositions consécutives. En raison du mouvement propre du soleil, la révolution synodique est plus grande que la révolution sidérale; elle est de 29 jours 1/2 au lieu de 27 jours 8 heures.

10° Phases de la Lune

Les *phases de la Lune* sont les variations périodiques de l'aspect de cet astre dans le ciel.

Il y a quatre phases, la *nouvelle Lune*, le 1er *quartier*, la *pleine Lune et le dernier quartier*. Elles durent chacune 7 jours environ et se reproduisent périodiquement tous les 28 jours.

Ces variations d'aspect tiennent à la position relative de la Lune et du Soleil par rapport à la Terre.

Au moment d'une conjonction, la Terre, la Lune et le Soleil sont en ligne droite et la Lune se trouve entre les deux autres astres. La Lune et le Soleil passent ensemble au méridien. La partie éclairée de la Lune se trouve du côté opposé à la Terre et la Lune se couche en même temps que le Soleil, elle est donc invisible.

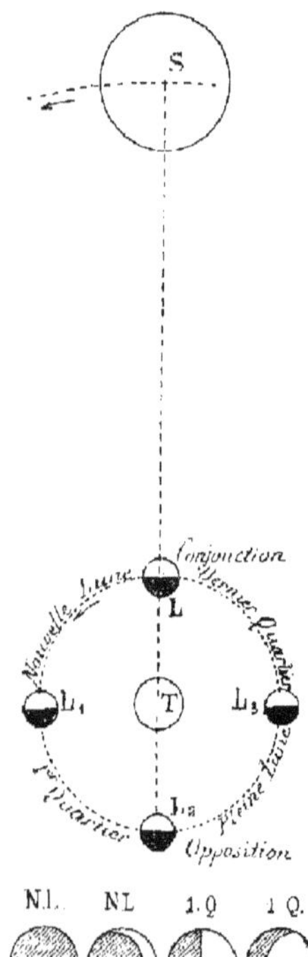

Comme la Lune a, par rapport au Soleil, un mouvement direct 13 fois plus rapide et comme ce mouvement s'effectue dans le sens opposé à la rotation générale des astres, la Lune s'écarte rapidement du Soleil. Elle passe au méridien après lui et se couche par conséquent de plus en plus tard après le Soleil. De la Terre, on aperçoit une partie de plus en plus grande de la surface éclairée ; c'est le *croissant de nouvelle Lune*. Il est tourné vers l'occident, c'est-à-dire vers le Soleil qui vient de disparaître à l'horizon.

Au bout de 7 jours, la Lune est à 90° de longitude du Soleil ; il y a quadrature. La moitié de la surface éclairée est visible de la Terre ; le croissant est devenu un 1 2 cercle. La Lune se couche 6 heures après le Soleil. C'est la période du 1er quartier.

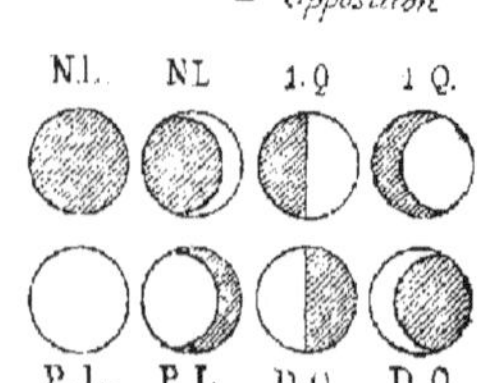

Le 1 2 cercle s'agrandit de plus en plus ; au bout de 7 jours il y a opposition. Le Soleil, la Terre et la Lune sont encore en ligne droite, mais c'est la Terre qui se trouve au milieu. On aperçoit donc toute la partie éclairée de la Lune, c'est-à-dire un cercle.

La pleine lune se lève quand le soleil se couche.

Pendant les 14 jours qui suivent, les mêmes phénomènes se reproduisent, mais en sens inverse, c'est-à-dire que le disque lumineux s'aplatit progressivement du côté opposé jusqu'à devenir un demi cercle, puis un croissant de plus en plus délié dans la période du dernier quartier. La partie éclairée est tournée du côté de l'orient parce que l'écart entre la lune et le soleil augmentant toujours, la lune se couche avant le soleil qui l'éclaire du côté de l'orient, jusqu'au moment d'une conjonction nouvelle.

Les deux premières périodes, la nouvelle lune et le premier quartier, forment le *cours de la lune*, les deux autres, la pleine lune et le dernier quartier, *le décours* ou *déclin*.

En général, la partie non éclairée de la lune n'est pas absolument invisible, elle apparait faiblement éclairée par la lumière dite « *cendrée* » qui est due à la réflexion d'une partie des rayons lumineux qui éclairent la terre.

11° Éclipses de Lune et de Soleil

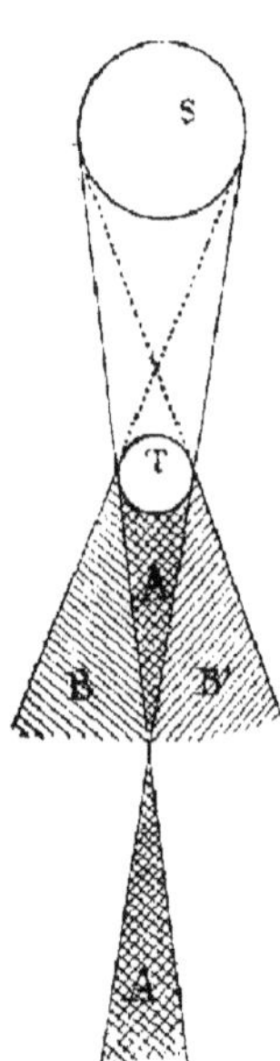

On appelle *éclipses* de lune ou de soleil une extinction momentanée, *partielle* ou *totale*, de l'éclat lumineux de l'un de ces astres.

Les éclipses sont dues à la position relative de la terre et de la lune par rapport au soleil.

La Terre et la Lune, éclairées par le Soleil, interceptent les rayons solaires et, par suite, il y a en arrière de ces astres un cône d'ombre A formé par les tangentes extérieures et deux cônes de pénombre B,B' formés par une tangente extérieure et une tangente intérieure.

A l'époque des Syzygies, le Soleil, la Lune et la Terre sont dans un même alignement ; la Lune, au moment d'une conjonction, se trouve entre le Soleil et la Terre ; si son cône d'ombre atteint la Terre, il y a éclipse de soleil.

Au contraire, au moment d'une opposition, la Terre se trouve entre le Soleil et la Lune et, si la Lune pénètre dans le cône d'ombre de la Terre, il y a éclipse de lune.

Une éclipse de Lune est *totale* lorsque cet astre pénètre complètement dans le cône d'ombre de la Terre. La longueur de ce cône d'ombre est d'au moins 212 rayons terrestres, c'est-à-dire quatre fois environ la distance de la Terre à la Lune. La section est assez grande pour contenir l'astre tout entier, donc les éclipses totales sont possibles et il suffit pour cela que la Lune se trouve très rapprochée de l'écliptique, c'est-à-dire voisine de l'un des nœuds.

L'éclipse est simplement *partielle*, si la Lune traverse seulement le cône de pénombre.

Une éclipse totale de Lune présente cinq phases : *l'entrée dans la pénombre ; l'immersion dans le cône d'ombre ; l'éclipse totale ; l'émersion du cône d'ombre ; la sortie de la pénombre.*

La durée totale des phases ne dépasse jamais 4 heures et celle de l'éclipse totale 2 heures.

Un éclipse de lune est visible de tous les points d'où l'on apercevrait la lune au moment considéré, c'est-à-dire de toute l'hémisphère tournée vers la lune.

Une éclipse de soleil est *totale* pour tous les points de la terre qui sont atteints par le cône d'ombre de la lune. Elle est *annulaire* pour tous les points qui sont atteints par le prolongement du cône d'ombre au-delà de son sommet ; enfin elle est *partielle* pour les points qui ne sont atteints que par le cône de pénombre.

Les phases des éclipses totales de soleil sont au nombre de 5 comme celles des éclipses de lune.

Les éclipses se reproduisent périodiquement, car au bout de 18 ans 11 jours la terre, la lune et le soleil reprennent les mêmes positions relatives.

Pendant la durée de cette période ou *saros*, il y a 14 éclipses de soleil et 29 éclipses de lune.

Chaque année le nombre des éclipses peut varier de 2 à 7.

12° Description générale du système solaire

Le système solaire est l'ensemble du mouvement des astres qui gravitent autour du soleil. Le mouvement du soleil n'est qu'apparent; autour de lui tournent non seulement la terre, mais toutes les autres planètes. Les unes sont plus rapprochées du soleil que la terre, ce sont les planètes inférieures, Mercure et Vénus; les autres, les planètes supérieures, en sont plus éloignées, Mars, Jupiter, Saturne, etc.

Le système solaire est nettement défini par les trois lois de *Képler* qui le régissent.

1° *Toutes les planètes décrivent des ellipses dont le soleil occupe un des foyers.*

Le grand axe de ces ellipses est la ligne des Absides. L'extrémité du grand axe la plus voisine du soleil se nomme *Périhélie*; l'autre est l'*Aphélie*.

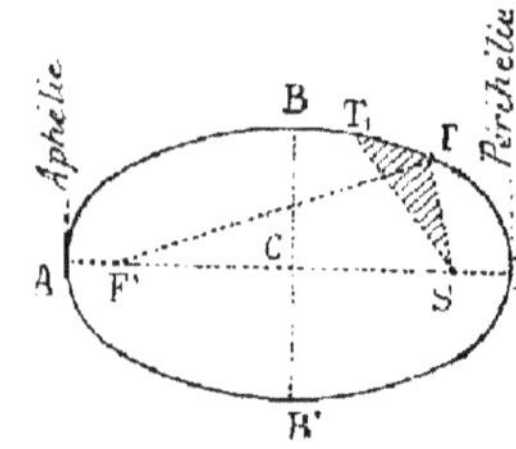

L'excentricité des ellipses, c'est-à-dire le rapport de la distance des foyers au grand axe, est variable avec les diverses planètes, mais toujours faible. La distance moyenne d'une planète au soleil est la demi somme des distances extrêmes, soit le demi grand axe de l'orbite.

Les *orbites* des diverses planètes sont diversement inclinés, mais diffèrent peu les uns des autres. L'orbite de la terre est l'écliptique.

Toutes les planètes, y compris la terre, décrivent leurs orbites dans le sens direct ou de droite à gauche par rapport à l'observateur placé au centre du soleil et au-dessus de l'écliptique.

2° *Les surfaces balayées par le rayon Vecteur allant du soleil à une planète sont proportionnelles aux temps.*

Il en résulte que le mouvement des planètes n'est pas uniforme, la vitesse est plus grande au périhélie, elle est plus faible à l'aphélie.

3° *Les carrés des temps des révolutions sidérales des planètes sont proportionnels aux cubes des grands axes de leurs orbites ou aux cubes de leurs moyennes distances au soleil.*

On en déduit la distance moyenne d'une planète quand on connaît sa durée de révolution sidérale ou inversement.

Les trois lois de Képler sont la conséquence de la loi plus générale de l'attraction universelle indiquée par *Newton* :

Les corps s'attirent entre eux en raison directe de leurs masses et en raison inverse du carré de leurs distances.

Cette loi de Newton est donc la loi fondamentale du système solaire.

13° Planètes et leurs satellites

Les *Planètes* sont des astres éclairés, comme la terre, par le soleil et qui possèdent un mouvement propre sur la sphère céleste. On les reconnaît précisément à leurs mouvements à travers les étoiles. Elles ne scintillent pas et se distinguent encore des étoiles parce qu'elles ont un diamètre apparent sensible.

Les *satellites* sont des astres secondaires qui tournent autour des planètes. La lune est le satellite de la terre.

Il y a des planètes qui ont plusieurs satellites.

Les planètes se divisent en *grosses planètes* ou *planètes principales* et en *Planètes télescopiques*.

Les premières sont au nombre de sept : *Mercure, Vénus, Mars. Jupiter. Saturne. Uranus. Neptune.*

Les planètes *télescopiques* sont très nombreuses, on en compte plus de 100; on les a désignées soit par des noms mythologiques comme *Cérès, Pallas, Junon.* soit par des noms quelconques comme *Thérésia. Cécilia. Unitas.*

Les planètes *inférieures* sont celles qui sont plus près du soleil que la terre ; les autres sont les planètes *supérieures.*

Conformément aux lois de Képler, toutes les planètes décrivent autour du soleil des ellipses dont le soleil occupe un des foyers ; les rayons vecteurs, du soleil à la planète, décrivent des aires proportionnelles aux temps ; enfin les carrés des temps des révolutions sidérales sont proportionnels aux cubes des grands axes des orbites.

Les planètes semblent osciller lentement de part et d'autre du soleil le long du zodiaque ; elles paraissent donc animées de deux mouvements contraires successifs :

Un mouvement direct quand elles sont à droite du Soleil et passent à gauche ;

Un mouvement rétrograde quand elles reviennent auprès du Soleil pour passer à droite.

A chaque changement de mouvement apparent, il y a *station.*

Les planètes sont en *digression orientale ou occidentale* suivant qu'elles s'écartent du Soleil à l'orient ou à l'occident, c'est-à-dire lorsque leur longitude est supérieure ou inférieure à celle du Soleil. Le maximum d'*élongation* est le maximum des différences de longitude ; il est de 32° pour Mercure, 48° pour Vénus, etc.

Les durées des déviations dans le sens direct varient pour les grosses planètes de 93 jours à 707 jours ; celles de la rétrogradation de 23 jours à 156 jours.

Une planète est dite en *conjonction* lorsqu'elle a la même longitude que le Soleil. Elle se lève et se couche donc alors à peu près en même temps que le Soleil.

Les planètes *inférieures* ont deux conjonctions successives différentes, car elles ont la même longitude que le Soleil, soit en passant entre la Terre et le Soleil, soit en passant au-delà du Soleil. Il y a conjonction intérieure et conjonction extérieure.

Pour les planètes *supérieures*, au contraire, il n'y a qu'une conjonction extérieure et une opposition lorsque la longitude de la planète diffère de 180° de celle du Soleil.

Les conjonctions et oppositions se désignent sous le nom de *syzygies*.

La révolution *synodique* est le temps qui s'écoule entre deux conjonctions ou entre deux oppositions.

Par le mouvement des taches, on a reconnu que les planètes tournent sur elles-mêmes, comme le Soleil, la Terre et la Lune.

24° Système de Copernic.

Le système de *Ptolémée*, admis par les Anciens, posait en principe l'immobilité de la Terre et considérait comme réels tous les mouvements des astres par rapport à la Terre.

D'après ce système, non seulement le Soleil tournait autour de l'axe du monde, comme les étoiles, mais il avait aussi un mouvement propre, de sens contraire, le long de l'écliptique.

Copernic a réfuté ce système posant au contraire en principe que les mouvements observés ne sont que des mouvements apparents justifiés par une rotation et une translation de la Terre dans l'espace.

Ce n'est pas le Soleil qui tourne autour de la Terre, mais bien la Terre qui gravite autour du Soleil.

La Terre, comme toutes les autres planètes, décrit autour du Soleil, suivant la loi des *aires*, une ellipse dont le Soleil occupe un des foyers.

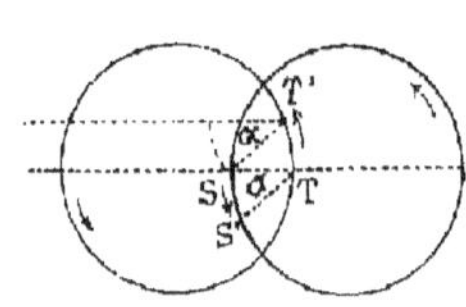

Le système de Copernic justifie bien toutes les apparences, puisqu'en supposant immobile un corps en mouvement rapide, comme un wagon de chemin de fer, on a l'illusion d'un mouvement similaire de corps immobiles, tels que les arbres qui bordent la voie. De ce que la Terre décrit une ellipse autour du Soleil, il en résulte que, si on la suppose immobile, le Soleil paraît décrire dans le même sens une ellipse égale. Si la Terre vient de T en T', c'est comme si le Soleil était venu de S en S'.

Le système de Copernic se justifie tout d'abord par sa simplicité même. En admettant l'immobilité de la Terre comme Ptolémée, il faudrait supposer que le Soleil entraîne avec lui, dans des mouvements très compliqués, toutes les planètes autour de la Terre, tandis qu'avec le système de Copernic, les lois de Képler justifient très simplement le système solaire. La terre qui n'est qu'une planète se comporte comme tous les autres astres de même nature.

Les corps s'attirent proportionnellement à leurs masses. Or la masse du Soleil est plus de 300,000 fois plus grande que celle de la Terre. C'est donc le Soleil qui doit être immobile.

La mesure de la distance des étoiles est aussi une preuve à l'appui du système Copernic. Si la Terre décrit une ellipse autour du Soleil et si l'on observe une même étoile E à six mois d'intervalle, la Terre se trouvera dans deux positions extrêmes TT' par rapport au Soleil ; l'angle T E T' aura une valeur déterminée marquée par le supplément des angles en T et en T'.

Ce supplément a été calculé pour un grand nombre d'étoiles, et l'on a toujours obtenu des valeurs déterminées et distinctes, ce qui prouve bien que la Terre s'est déplacée de T et en T'; car sans cela, l'angle T E T' se fût toujours réduit à zéro.

La vitesse de translation de la Terre, combinée avec la vitesse des rayons lumineux issus des étoiles, produit une *aberration* ou *déviation annuelle de la lumière*, qui est encore une preuve à l'appui du système de Copernic.

Les étoiles paraissent décrire en un an sur la sphère céleste, des ellipses dont les grands axes ont le même diamètre apparent, 40″ environ.

15° Détails succints sur les diverses planètes.

Les planètes se divisent en sept grosses planètes : *Mercure, Vénus, Mars, Jupiter, Saturne, Uranus, Neptune*, et en planètes télescopiques qui sont au nombre de plus de 400.

Mercure et Vénus, plus rapprochées du Soleil que la Terre sont des planètes *inférieures* ; les cinq autres, des planètes *supérieures*.

Mercure est noyé dans les rayons du Soleil : il est difficile de l'apercevoir à l'œil nu. Son rayon est à peu près le 1/3 du rayon terrestre. D'après Schiaparelli, la rotation de cet astre aurait une durée égale à la révolution sidérale, soit 88 jours, et par suite le même hémisphère serait toujours tourné vers le Soleil. Mercure paraît entouré d'une atmosphère très épaisse.

Vénus est d'un très grand éclat : cette planète est connue sous le nom d'*étoile du Matin*, d'*étoile du Soir* et d'*étoile du Berger*. Elle est approximativement de la même grandeur que la Terre. Comme pour Mercure, la rotation durerait autant que la révolution autour du Soleil, soit : 225 jours.

Vénus et Mercure ont des passages sur le Soleil et des occultations.

Mars, visible à l'œil nu, est d'une couleur rougeâtre. Sa distance au Soleil est une fois et demie plus grande que celle de la Terre au Soleil. Son rayon est à peu près la moitié du rayon terrestre. Cette planète tourne sur elle-même en 24 h. 37' environ et met près de deux ans à accomplir sa révolution autour du Soleil. On remarque sur cet astre des glaces polaires très étendues.

Mars a deux satellites, *Deimos* et *Phobos* qui accomplissent leur révolution en un jour et quart et en sept heures et demie.

Jupiter a l'éclat le plus vif après Vénus ; c'est la plus grosse planète. Son rayon est de onze fois plus grand que celui de la Terre et son volume 1300 fois plus grand que le globe terrestre. Sa révolution autour du soleil se fait en 11 ans 314 jours et sa rotation en 10 heures. On constate sur cet astre des bandes lumineuses et obscures qui tiennent sans doute à la vitesse excessive de la rotation. Il a quatre satellites : *Io, Europe, Ganimède et Callisto* qui font leur révolution en 1 jour, 3 jours, 7 jours, 16 jours environ.

Saturne est visible à l'œil nu, mais d'un éclat très faible. Son rayon est neuf fois plus grand que le rayon terrestre. Cette planète tourne autour du soleil en 29 ans 1/2 environ et sur elle-même en 10 heures 1/4 ; Saturne, qui a huit satellites, est surtout caractérisée par trois anneaux situés dans le prolongement de l'équateur et dont la découverte est due à Galilée.

Uranus et Neptune sont de découverte plus récente. La première de ces deux planètes est à peine visible à l'œil nu et l'autre toujours invisible. Leurs rayons sont à peu près quatre fois plus grands que le rayon terrestre.

La planète *Neptune* a été découverte en 1846, quelques mois après que Leverrier eut établi par le calcul son existence et sa position dans le Ciel.

Les planètes *Télescopiques* sont toutes situées entre Mars et Jupiter ; elles sont très petites et on peut admettre qu'il s'agit de fragments d'une planète unique qui se serait brisée.

16° Comètes

Les *comètes* ou *astres chevelus* gravitent comme les planètes autour du soleil, mais elles diffèrent des planètes par leur forme, leur masse et leurs orbites.

On distingue dans une comète trois parties : le *noyau* ou centre lumineux analogue aux planètes, la *chevelure* qui entoure le noyau et dont l'éclat est beaucoup moindre, et enfin la *queue* ou trainée lumineuse, plus ou moins grande, dirigée dans le Ciel du côté opposé au soleil. La chevelure et la queue peuvent faire défaut.

La chevelure et la queue des comètes sont transparentes, donc elles sont excessivement ténues. La masse du noyau est faible et, en somme, la masse d'une comète est sans importance vis-à-vis de celle d'une planète. Ce qui le prouve, c'est que le passage d'une comète dans le voisinage d'une planète ne provoqne aucune perturbation sensible dans la marche de cet astre, tandis que les planètes ont beaucoup d'action sur la marche des comètes.

La plupart des comètes décrivent des ellipses autour du soleil, mais les orbites sont excessivement allongées. Certaines comètes décrivent des arcs de paraboles, c'est-à-dire des ellipses dont la distance focale devient infinie.

Les comètes qui décrivent des ellipses sont dites «*périodiques*», les autres sont des comètes « *non périodiques* » ou « *temporaires* ». Quelques comètes se déplacent dans le sens rétrograde contrairement à la marche régulière de toutes les planètes.

Parmi les comètes périodiques, on peut citer :

La *comète de Halley* qui est de sens rétrograde, sa période est d'environ 76 ans ; la *comète d'Encke* dont la révolution s'opère en 3 ans 1/2 et qui subit d'une façon très sensible l'influence de la planète Jupiter ; la *comète de Biéla* ou *de Gambard* qui parcourt son orbite en 6 ans 7 mois, qui s'est dédoublée en 1846 et qui parait s'être résolue dans l'année 1872 en une pluie d'étoiles filantes ; la *comète de Faye*, dont la périodicité est de 7 ans 1/2 (1858, 1865, 1873, etc.).

Les principales comètes temporaires sont : la *comète de Chéseaux*, 1744, dont les *six queues* formaient un immense éventail ; la *comète de Newton*, 1680 ; la *comète de 1811*, connue par le *Vin de la Comète* ; enfin celle *de 1843*, dont la queue avait plus de 250.000.000 de kilomètres.

17° Étoiles filantes. — Amas d'étoiles. Nébuleuses.

Les *étoiles filantes* sont des *météores lumineux*, qui apparaissent brusquement dans le ciel et se déplacent rapidement pour disparaître presque aussitôt.

On suppose que ce sont des corpuscules *cosmiques* qui se déplacent comme des comètes et qui s'enflamment à la rencontre de l'atmosphère terrestre.

On peut voir chaque nuit des étoiles filantes ; mais à certaines époques, elles apparaissent en très grand nombre. Ce sont alors des *essaims* ou *pluies d'étoiles filantes* qui semblent toutes partir d'un même point du ciel. On les définit par le nom des constellations où se trouve ce point de départ, telles sont *les Léonides* qui se montrent dans la nuit du 13 au 14 novembre.

Il ne faut pas confondre les étoiles filantes avec les corps lumineux appelés *bolides*, qui parcourent rapidement l'espace pendant quelques instants et dans des sens très variables.

Les bolides ont un diamètre apparent et par conséquent un volume qui peut être considérable. Ils peuvent tomber sur la Terre où ils éclatent habituellement à grand bruit en lançant de part et d'autre des fragments, composés de minéraux terrestres, connus sous le nom d'*aérolithes*.

Les *Nébuleuses* sont des masses d'un éclat laiteux qui ont l'apparence de petits nuages au milieu des étoiles.

Les *Nébuleuses résolubles* ou *amas stellaires* sont composées d'une infinité d'étoiles très petites et très rapprochées que l'on peut distinguer au télescope.

La principale Nébuleuse de ce genre est la *Voie lactée* qui fait le tour de la sphère céleste, du pôle nord au pôle austral en englobant la constellation du Cygne.

Les *Nébuleuses non résolubles* paraissent être des amas de matière cosmique ; elles sont en très grand nombre, on en compte plus de 4.000 et leurs formes sont les plus diverses. Les plus remarquables sont celles qui se trouvent dans les constellations d'Orion, d'Andromaque et du Taureau.

TABLE DES MATIÈRES

ARITHMÉTIQUE. — 6 Questions

ALGÈBRE. — 14 Questions

NOTA. — On pourra se procurer, au prix de 2 fr. 50, des volumes spéciaux dans lesquels la Cosmographie sera remplacée par les Compléments d'Arithmétique et d'Algèbre.

Nantes, imp. R GUIST'HAU, 5 & 6, quai Cassard